手绘景观园林表现技法

（第2版）

常鸿飞　张恒国　编著

清华大学出版社　北京交通大学出版社
·北京·

内 容 简 介

　　手绘设计表现是设计师的一种最快捷、最方便实用的交流工具，已经成为广大设计师的首选。本书重点介绍了手绘表现技法在景观园林设计领域的应用，以理论为基础，以操作为目标，注重培养读者实际操作技能和应用能力，理论和实践相结合，真正做到"学以致用"。

　　本书通过大量精选的案例，详尽的图示讲解和步骤说明，以及相关案例的绘制流程和表现方法，系统地介绍了手绘的基本技法及其在景观园林设计领域的应用。本书以马克笔景观园林手绘表现为主要内容，包括手绘工具、基础技法、景观配景、景观小品、景观局部、园林景观、景观平面、景观立面设计、景观园林手绘作品欣赏等内容。本书由浅入深、循序渐进地介绍了马克笔景观园林表现的规律和技巧，结合大量优秀的景观手绘作品，将马克笔表现技法以图文并茂的形式展现在读者面前，是将手绘基础和设计方法、表现技法融于一体的工具书。

　　本书可以作为普通高等院校的环艺设计、景观园林设计、室内设计、装潢设计、园林规划、建筑工程、产品设计及艺术设计相关专业学生的教材，也可以作为装饰公司、房地产公司及建筑设计行业从业人员的参考书。

图书在版编目（CIP）数据

手绘景观园林表现技法 / 常鸿飞，张恒国编著 . —2 版 . —北京：北京交通大学出版社：清华大学出版社，2018.6（2025.2 重印）
ISBN 978-7-5121-3542-0

Ⅰ. ① 手… Ⅱ. ① 常… ② 张… Ⅲ. ① 景观 - 园林设计 - 绘画技法 - 高等学校 - 教材　Ⅳ. ① TU986.2

中国版本图书馆 CIP 数据核字（2018）第 091521 号

手绘景观园林表现技法
SHOUHUI JINGGUAN YUANLIN BIAOXIAN JIFA

责任编辑：韩素华
出版发行：清 华 大 学 出 版 社　　　邮编：100084　　电话：010-62776969
　　　　　北京交通大学出版社　　　　邮编：100044　　电话：010-51686414
印 刷 者：北京九州迅驰传媒文化有限公司
经　　销：全国新华书店
开　　本：260 mm×185 mm　　印张：14　　字数：349 千字
版 印 次：2018年6月第2版　　2025年2月第5次印刷
印　　数：6 501 ～ 7 000 册　　定价：68.00 元

本书如有质量问题，请向北京交通大学出版社质监组反映。对您的意见和批评，我们表示欢迎和感谢。

投诉电话：010-51686043，51686008；传真：010-62225406；E-mail：press@bjtu.edu.cn。

前　　言

随着设计行业的不断发展，手绘表现日益受到设计师的重视和青睐，其重要性不言而喻。手绘效果图是设计师用来表达设计意图并与客户进行方案沟通的媒介。手绘对于设计师而言是必不可少的"视觉语言"。熟练地运用环境艺术设计的手绘表达方法，可以使设计师完成从"意"到"图"的设计构思与设计实践的升华。

景观设计的方案往往通过手绘的形式表现出来。景观设计的快速表现不只是对设计师构思过程的记录，也是推敲景观设计功能、结构、形态的一种有效手段。马克笔以其色彩丰富、携带方便的特点成为景观设计快速表现的重要工具。越来越多的景观设计师、景观从业人员希望学习掌握马克笔手绘这一方便快捷、美观实用的绘图技巧。

本书以马克笔景观园林手绘表现为主要内容，将马克笔景观园林表现技法以图文并茂的形式展现在读者面前，是将手绘基础和设计方法、表现技法融于一体的工具书。通过本书的学习，可以使读者在短期内掌握景观园林手绘表现基本技法，快速地提高景观园林设计手绘表现能力，从而能够进行生动的创作和表现。

本书在第1版的基础上，针对环境艺术设计专业在现今市场上的特点，考虑学生的实际情况，结合教学实践，紧扣"基础"和"实用"两大基点，着重强调掌握手绘表现的基础训练，练习现行实用的技法，使本书的内容更具有指导性和实用性。本书内容丰富，结构安排合理，由浅入深、循序渐进，以景观园林设计表现的特点为出发点，通过大量精选的典型实例，系统讲解了景观园林设计的表现技法和流程。

本书图文并茂、分析讲解透彻，具有针对性强、专业特色强的特点，旨在帮助读者提高手绘能力和手绘水平。本书可以作为普通高等院校的环艺设计、景观园林设计、室内设计、装潢设计、园林规划、建筑工程、产品设计及艺术设计相关专业学生的教材，也可以作为装饰公司、房地产公司及建筑设计行业从业人员的参考书。

由于作者水平有限，不足之处在所难免，恳请广大读者指正。

编 著 者
2018 年 6 月

本书编委会

CONTENTS

I

CONTENTS

第1章 手绘工具

1.1 马克笔

马克笔又名麦克笔。马克笔具有较强的表现力，与一般的水彩颜色相近，作画步骤及方法均与水彩画相似。在用马克笔作画时要由浅入深，由远及近，颜色不宜过多。最好不要涂改、叠加，否则会导致画面浑浊、显脏。与画水彩画不同，马克笔一般从局部出发，逐渐画到整个画面，而水彩作画过程则是由整体到局部。

马克笔在设计用品店就可以买到，而且只要打开笔帽就可以画，不限纸张，各种素材都可以上色。

买马克笔时，要了解马克笔的属性和画后的感觉。市场上常见的、普遍用的是双头酒精的，它有大小两头，水量饱满，颜色丰富，其亮色比较鲜艳，灰色比较沉稳。颜色未干时叠加，颜色会自然融合衔接，有水彩的效果，性价比较高。因为它的主要成分是酒精，所以笔帽做得较紧。选购的时候应亲自试试笔的颜色，笔外观的色样和实际颜色可能稍有偏差。

马克笔的色彩种类较多。对于颜色的选择，初学者要了解其性能和用法，故不要多买，几支颜色鲜艳的，几支颜色中性的，再加上几支灰色的就足够了。随着用笔的熟练和技法的不断进步再增加自己喜欢的颜色。

马克笔的粗头

马克笔的细头

马克笔的握笔姿势

1.2 手绘纸张

手绘用的纸张，可以是普通的A4或A3纸，也可以是用绘画专用纸，如素描纸、水彩纸等，还可以是马克笔专用绘图纸，如120 g纸张。马克笔专用绘图纸不易渗透，笔触分明，色彩保真。手绘纸张最小不应小于A4纸的幅面，因为用马克笔绘画注重整体效果，如果要表现细节的话，还要搭配其他笔，纸张最好大一点。

各种纸的特点如下。

（1）素描纸：纸质较好，表面略粗，易画铅笔线，耐擦，稍吸水，宜作较深入的素描练习和彩色铅笔表现图。

（2）水彩纸：正面纹理较粗，蓄水力强，反面稍细，也可利用，耐擦，用途广泛，宜作精致描绘的表现图。

（3）绘图纸：纸质较厚，结实耐擦，表面较光。用于钢笔淡彩及马克笔、彩铅笔、喷笔作画。

（4）色纸：色彩丰富，品种齐全，多为中性低纯度颜色，可根据画面内容选择适合的颜色基调。

绘图纸

勾线笔

1.3 其他工具

1）勾线笔

用马克笔作画，需以结构严谨、透视标准、线条明朗的线图为基础。作画用的勾线笔一般要求出墨流畅，墨线水性，易干，画出的线条不易扩散。比较常用的勾线笔有针管笔，其笔头有粗细不同的型号，可以画出不同粗细的线条，受到设计师们的青睐。

另外，晨光牌的会议笔使用起来经济实用，可以用来练习画线，勾勒轮廓。也可以用钢笔画线稿。

勾线笔

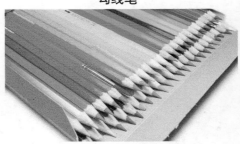

彩色铅笔

2）彩色铅笔

常见的彩色铅笔品牌有马可、辉柏嘉等。彩色铅笔广泛应用于各个设计专业的手绘表现，彩色铅笔的色彩种类从12色到48色不等，分为水溶性铅笔和普通彩色铅笔两种。彩色铅笔使用起来简单方便、色彩稳定、容易控制，多配合马克笔用于刻画细节和过渡面，也可用来表现粗糙质感。水溶性铅笔可结合毛笔使用，用于大面积着色工作。

3）绘图直尺

绘图直尺在画一些长线条时，可以用来辅助画线，初学手绘时可以借助绘图直尺来画部分线条。

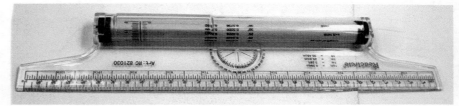

绘图直尺

4）提白工具

提白工具有涂改液和高光笔两种。涂改液用于大面积提白，高光笔用于细节精准提白。提白的位置一般用在受光较多、较亮的地方，如光滑材质、水体、灯光、交界线亮部结构处，还有就是画面很闷的地方，也可以用提白工具提亮一点。

高光笔

课 后 练 习

1. 了解马克笔的构造和笔触特点。
2. 了解不同纸张的特点。
3. 了解彩色铅笔上色特点。
4. 了解高光笔、绘图直尺等辅助工具的使用方法。
5. 练习不同工具的综合使用。

第2章 透视原理

2.1 透视基本原理

透视就是在平面上再现空间感、立体感的科学方法。在平面上根据一定原理，用线条来显示物体的空间位置、轮廓和投影的科学称为透视学。透视基本原理在绘画中有着广泛的应用，是学习绘画的重要基本原理之一。近大远小、近实远虚是透视的规律。常见的透视包括一点透视、两点透视和三点透视。

1. 一点透视

一点透视也称平行透视，是一种最基本、最常用的透视方法。以正六面体为例，它的正面及与正面相对的面都为正方形，而且平行于画纸。由于透视的视觉变形，使观者产生近大远小的感觉，所以前面的正方形比后面的正方形显得大，连接两个正方形顶点的四条线向画面后方消失于一点。一点透视表现范围广，纵深感强，适合表现庄重、严肃的室内空间。缺点是比较呆板，与真实效果有一定差距。

2. 两点透视

两点透视也称成角透视。以六面体为例，它的任何一个面都不与画纸平行，而且都与画面形成一定角度，垂直相对的两组面分别向左、右消失成两点。此类透视有两个消失点，且在同一水平线上。两点透视的特点是表现范围较广、画面平稳、纵深感强，透视及画面较为生动、活泼，具有真实感。

3. 三点透视

三点透视也称斜角透视。当正立方体的三组平行线均与画面倾斜成一定角度时，则这三组平行线各有一个消失点，即此类透视有三个消失点。三点透视通常呈俯视或仰视状态，具有强烈的透视感，特别适宜表现高大的建筑和规模宏大的城市规划、建筑群及小区住宅等，也是一种常用的透视。

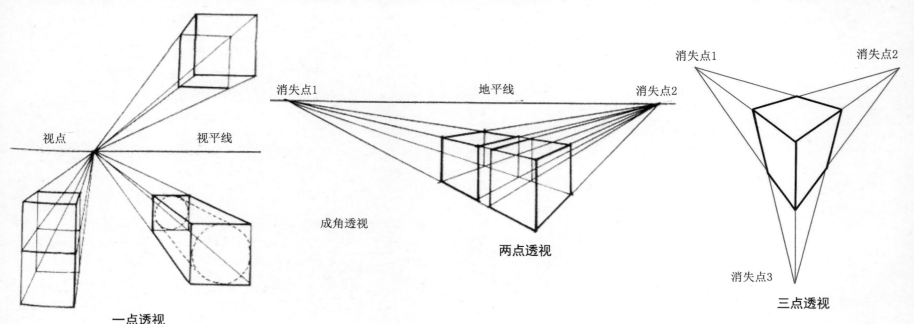

一点透视

成角透视

两点透视

三点透视

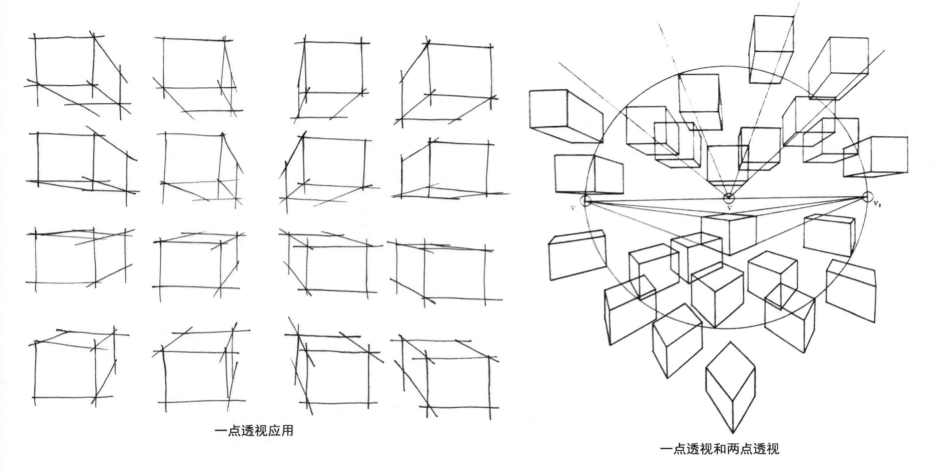

一点透视应用

一点透视和两点透视

2.2 透视种类的选用

　　透视是一种表现三维空间的制图方法，它有比较严格的科学性，但不能刻板地去运用，也并非是掌握了透视的方法就可以画出很漂亮的空间表现图，它有较为灵活的一面，只有在理解和领会的基础上再去运用，才能够真正达到掌握透视的目的。要灵活应用透视，首先要理解常用透视类型的特点，然后根据实际应用中要表现对象的特点，选择合适的透视类型和透视角度来表现画面。

　　正确地掌握透视规律和方法，对于手绘表现至关重要。其实徒手表现图很大程度上是在用正确的感觉来画透视，要训练自己落笔就有好的透视空间感，透视感觉也往往与表现图的构图和空间的体量关系息息相关，有了好的空间透视关系来架构画面，一张手绘表现图也就成功了一半。

2.3 透视的应用

把透视基本原理和简单景观场景结合起来练习，对于学画手绘入门是十分有好处的，一方面可以练习透视的应用，另一方面可以练习景观的画法。

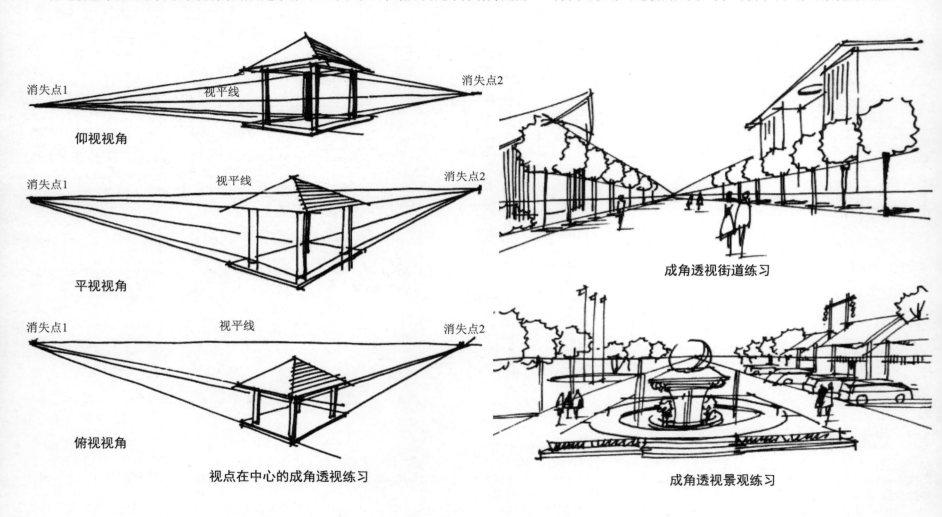

消失点1　视平线　消失点2
仰视视角

消失点1　视平线　消失点2
平视视角

消失点1　视平线　消失点2
俯视视角

视点在中心的成角透视练习

成角透视街道练习

成角透视景观练习

课 后 练 习

1. 说出三种基本透视原理的特点。
2. 练习用一点透视画景观单体对象。
3. 练习用两点透视画景观单体对象。
4. 练习用三点透视画景观单体对象。
5. 练习用透视原理画简单的景观小场景线稿。

第3章　手绘基础技法

3.1　直线练习

　　线是表现手绘的基础和灵魂，直线在手绘表现中最为常见，在手绘中起骨架的作用。大多形体都是由直线构筑而成的，因此，掌握好直线技法很重要。画出的线条要直并且干净利落而又富有力度，所以，学习手绘需要从练习画线开始。多练习画线就能逐步提高徒手画线的能力，可以将线条画得既活泼又直。下面是画各种线要注意的问题。

1.　横线

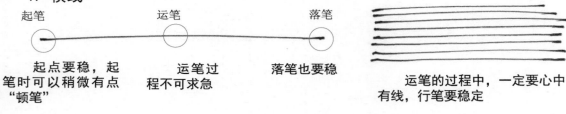

起笔　　　　　运笔　　　　　落笔

起点要稳，起笔时可以稍微有点"顿笔"　　　运笔过程不可求急　　　落笔也要稳

运笔的过程中，一定要心中有线，行笔要稳定

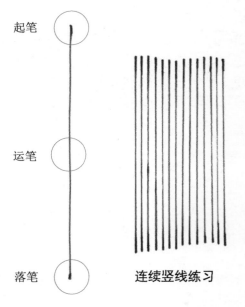

起笔

运笔

落笔

连续竖线练习

2.　竖线

　　在画竖线时，要注意起笔与落笔要"移"，同画横线一样。运笔过程可匀速，不求快，要求稳，竖线相对难把握。练习的时候，速度可稍慢点，要体会"运笔的过程"。同时画线条要稳重、自信、力透纸背。练习成组的线条时，尽量每根线的起笔在同一条线上，落笔也要在同一条线上。

　　练习画线条在于对线的把握、理解与熟悉，练习时心要静，不可浮躁，练习画线条时要多思考，身体的姿势与手势摆放要注意是否舒服、协调。

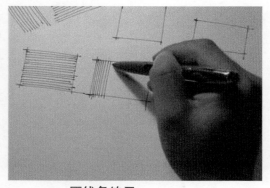

画线条练习

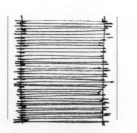

先画出左右的竖线，然后练习画相同宽度的横线

先画出上下的横线，然后练习画相同高度的竖线

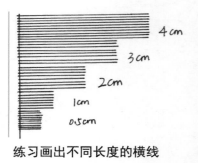

练习画出不同长度的横线

3. 水平线和垂直线

在练习画线时，水平线和垂直线可以一起练习。在画方格线时，要注意把握线条的水平和垂直程度，以及线条相交的结构感，开始练习时要画得慢一些，要多想、多分析。

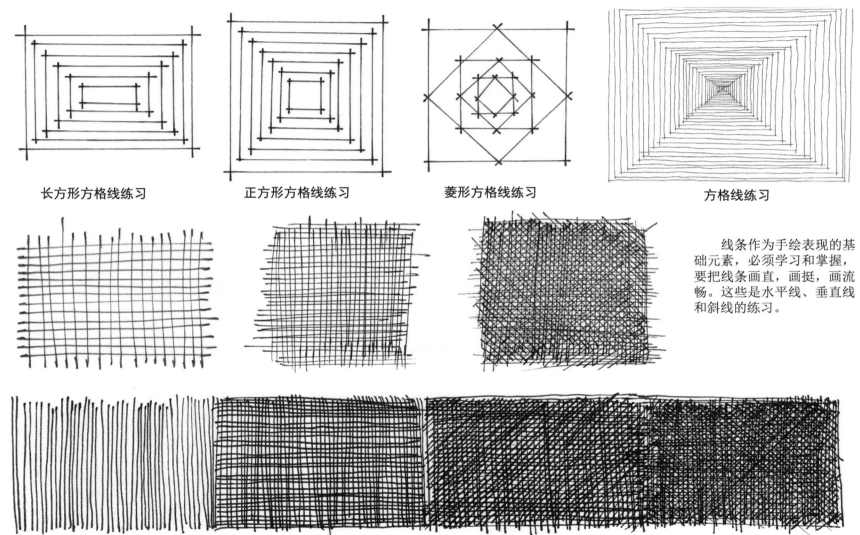

长方形方格线练习　　　　正方形方格线练习　　　　菱形方格线练习　　　　　方格线练习

线条作为手绘表现的基础元素，必须学习和掌握，要把线条画直，画挺，画流畅。这些是水平线、垂直线和斜线的练习。

3.2　斜线练习

　　多练习不同角度的线条，对观察能力的提高有很大的帮助。练习时，可画不同角度的线条来锻炼自己，如画15°、30°、45°、60°、75°等不同角度的斜线。

30°　斜线练习

45°　斜线练习

60°　斜线练习

90°　竖线练习

画线时注意线与线的"搭接"

按不同方向画线

不同角度的斜线练习

落笔

先画圆形，再从圆心画不同角度的斜线

长方体练习

从不同角度练习画线

斜线、垂直线交叉练习

3.3 曲线、弧线训练

曲线要画得轻松、舒展、自然。这些是不同曲线的练习。

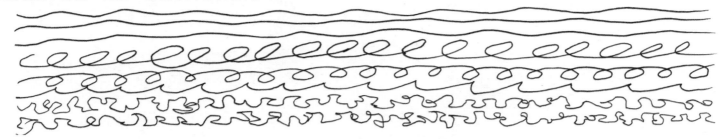

弧线的练习也比较重要。弧线在勾勒一些圆形对象时比较常用。下面是一些弧线和圆形的练习，建议读者反复练习。

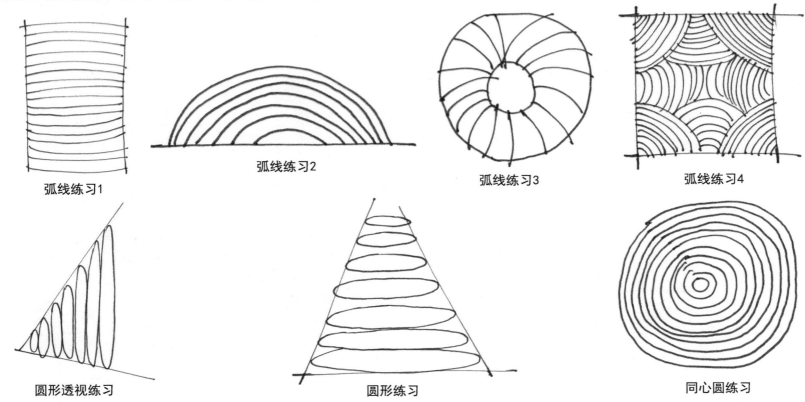

弧线练习1

弧线练习2

弧线练习3

弧线练习4

圆形透视练习

圆形练习

同心圆练习

3.4 阴影画法

在表现对象暗部和阴影时，一般可用连续的直线画出对象的暗部和阴影。阴影的绘制，可以强调对象的外形，增强画面的立体效果，不同的阴影长度可以反映对象的不同高度。下面是阴影的画法。

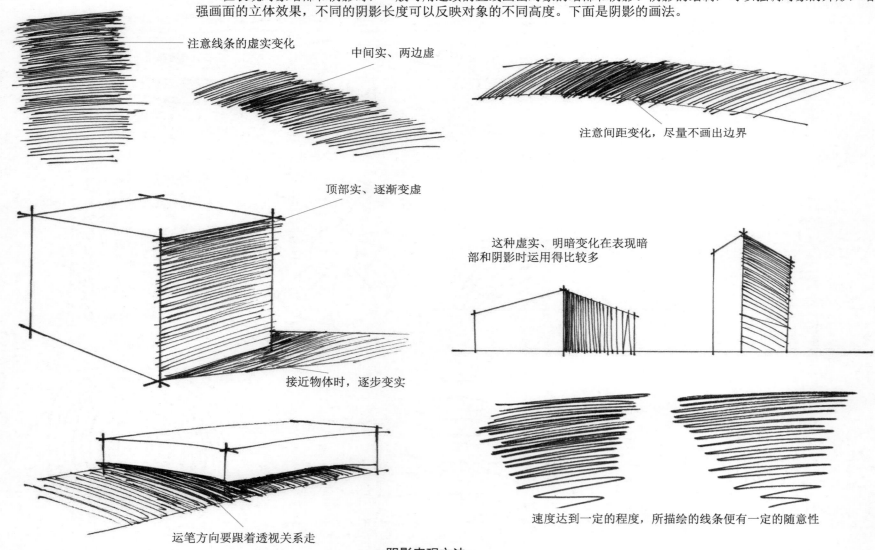

注意线条的虚实变化

中间实、两边虚

注意间距变化，尽量不画出边界

顶部实、逐渐变虚

这种虚实、明暗变化在表现暗部和阴影时运用得比较多

接近物体时，逐步变实

运笔方向要跟着透视关系走

速度达到一定的程度，所描绘的线条便有一定的随意性

阴影表现方法

3.5 形体和明暗练习

　　在练习了各种线的基本画法后，就可以应用一点透视、两点透视等透视基本原理，用横线、竖线、斜线来画几何体了。生活中的物体千姿百态，但归根结底是由方形和圆形两种基本几何形体组成的。特别是室内的陈设，如沙发、茶几、床、柜子等都是由立方体组成的，立方体是一些复杂形体最终的组合基础。练习描绘几何体对于表现室内外透视图是极有帮助的。

　　对于表现对象来说，对物体明暗规律的了解是十分重要的。理解物体的明暗规律，并应用于手绘，可将对象表现得立体。

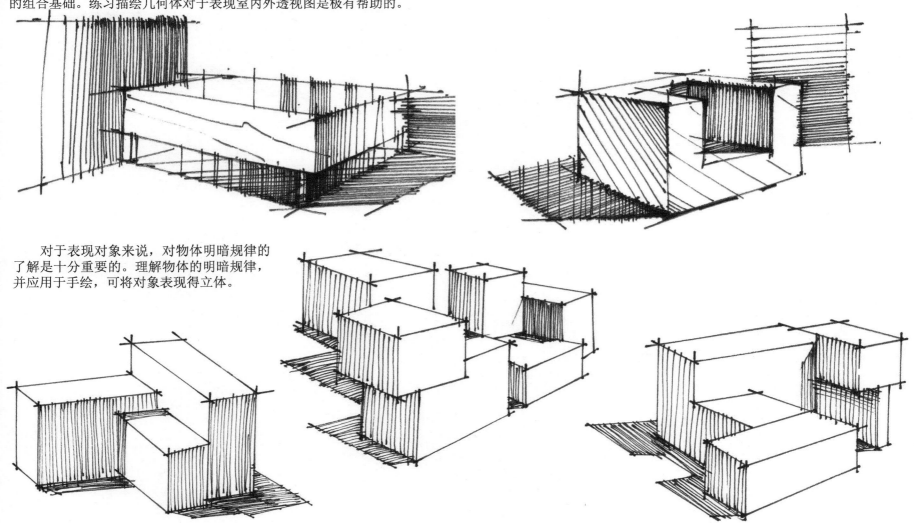

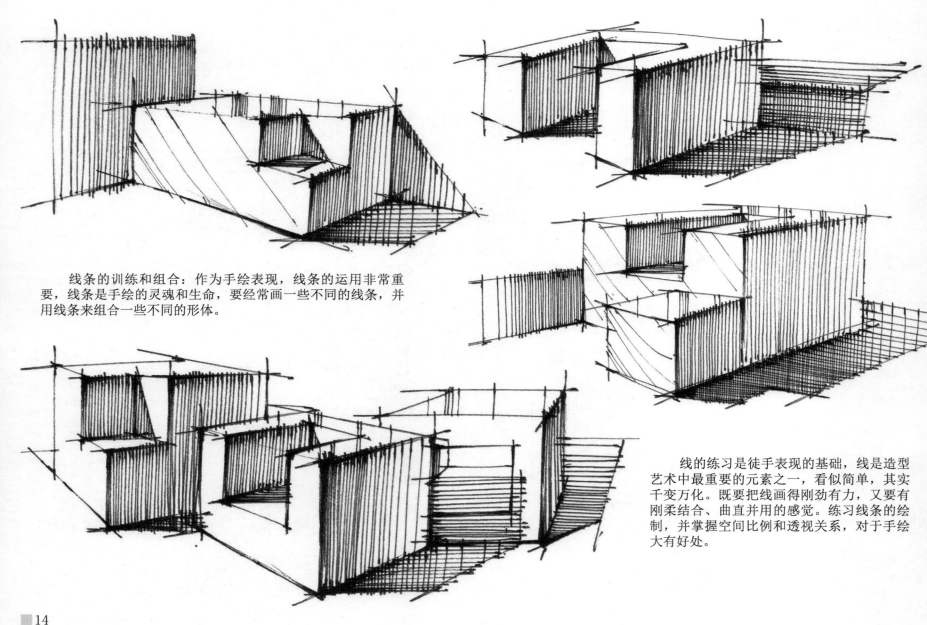

线条的训练和组合：作为手绘表现，线条的运用非常重要，线条是手绘的灵魂和生命，要经常画一些不同的线条，并用线条来组合一些不同的形体。

线的练习是徒手表现的基础，线是造型艺术中最重要的元素之一，看似简单，其实千变万化。既要把线画得刚劲有力，又要有刚柔结合、曲直并用的感觉。练习线条的绘制，并掌握空间比例和透视关系，对于手绘大有好处。

3.6 马克笔上色技法

马克笔是一种速干、稳定性强的表现工具。它具有局部完整的色彩体系，可以供设计选择。因为它颜色固定，所以能够很方便地表现出设计者预想的效果。

马克笔在特征上具有线条与色彩的两重性，既可以作为线条来使用，也可以作为色彩来渲染。一般与钢笔结合使用，用钢笔勾勒造型，用马克笔进行着色来烘托画面的气氛。钢笔线稿是骨，马克笔的色彩是肉。马克笔的特点在于简洁明快。运用马克笔时一定要有整体的意识。

马克笔对画面的塑造是通过线条来完成的，对于初学者来说，用笔是关键。马克笔用笔的要点在于干净利落，练习时要注意起笔、收笔力度的把握与控制。马克笔笔尖有楔形方头、圆头两种形式，可以画出粗、中、细不同宽度的线条，通过各种排列组合方式，形成不同的明暗块面和笔触，具有较强的表现力。

马克笔运笔时的主要排线方法有平铺、叠加及留白。

（1）平铺。马克笔常用楔形的方笔头进行宽笔表现，要组织好宽笔触并置的衔接，平铺时讲究对粗、中、细线条的运用与搭配，避免死板。

（2）叠加。马克笔色彩可以叠加，叠加一般在前一遍色彩干透之后进行，避免叠加色彩不均匀和纸面起毛。颜色叠加一般是同色叠加，使色彩加重，叠加还可以使一种色彩融入其他色调，产生第三种颜色，但叠加会影响色彩的清新透明度，遍数不宜过多。

（3）留白。马克笔笔触留白主要是反衬物体的高光亮面，反映光影变化，增加画面的活泼感。细长的笔触留白也称"飞白"，在表现地面、水面时常用。

马克笔垂直排线上色

用马克笔画直线，起笔和收笔力度要轻，要均匀。下笔要肯定、果断

马克笔水平排线上色

马克笔线条要平稳，笔头要完全着到纸面上，这样线条才会平稳

蹭笔

点

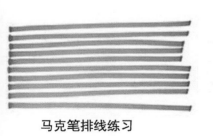

马克笔排线练习

平移

线

扫笔

斜推

马克笔线条练习

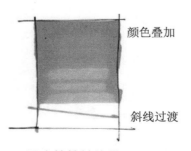

颜色叠加

斜线过渡

马克笔笔触练习

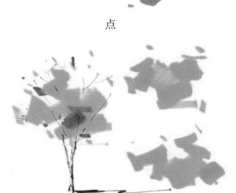

马克笔点练习

15

马克笔力求下笔准确、肯定，不拖泥带水。干净而纯粹的笔法符合马克笔的特点，对色彩的显示特性、运笔方向、运笔长短等在下笔之前都要考虑清楚，避免犹豫，忌讳笔调琐碎、磨蹭、迂回，要下笔流畅、一气呵成。马克笔上色后不易修改，一般应先浅后深，上色时不用将色铺满画面，有重点地进行局部刻画，画面会显得更为轻快、生动。马克笔的同色叠加会显得更深，多次叠加则无明显效果，且容易弄脏颜色。

垂直交叉的笔触可以丰富马克笔上色的效果。既然运用垂直交叉的组合笔触，就要表现一些笔触变化，丰富画面的层次和效果，所以一定要等第一遍干透后再画第二遍，否则颜色会融在一起，没有笔触的轮廓。

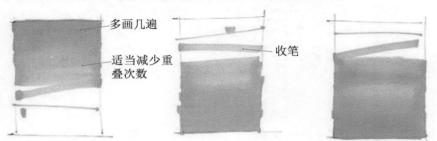

注意渐变关系，回笔的运用和用笔力度的区别

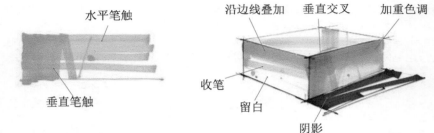

在用马克笔上色时，排线一定要按透视或物体结构运笔，明显的笔触多用在物体的发光面

运用马克笔的要领是速度及上色位置的准确性。速度一般宜快不宜慢，快的笔触就会显得透明利落，有力度感，颜色也不会渗化；快速上色，一般就要用排列的办法了，由密到疏或由疏到密；马克笔上色颜色不可调和，一般最好有几支同色系的过渡色，这样用起来得心应手。一般马克笔上色也只讲究颜色的过渡，不可追求局部色彩的冷暖变化，如果过渡色不够，用彩色铅笔来补充是个好办法。另外，在上色时，颜色和笔触要跟着形体走，即"随形赋彩"，这样看起来才比较自然。

马克笔与彩色铅笔结合，可以将彩色铅笔的细致着色与马克笔的粗犷笔风相结合，增强画面的立体效果。

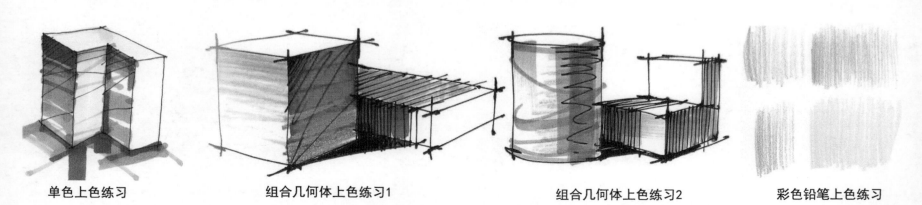

单色上色练习　　　　组合几何体上色练习1　　　　组合几何体上色练习2　　　　彩色铅笔上色练习

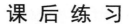

课 后 练 习

1. 体会并理解直线的画法, 然后反复进行练习。
2. 理解阴影的表现方法并加以练习。
3. 练习曲线和弧线的画法。
4. 练习用马克笔上色, 注意体会马克笔上色的特点。
5. 练习用彩色铅笔上色。
6. 练习画几何体并上色。

第4章 景观单体线稿表现

一件单独的物体是由同一种材质或不同种材质组成的，而空间各界面及各种不同的物体又构成了景观环境。画好每一件单独的物体，并进行有机组合，将有助于表现景观画。所以单体练习是学习马克笔不可缺少的一个环节。单体练习的内容常包括景观中常见的组成元素。

环境艺术设计通过一定的组织、围合手段，对空间界面（室内外墙柱面、地面、顶棚、门窗等）进行艺术处理（形态、色彩、质地等），运用自然光、人工照明、家具、饰物的布置、造型等设计语言，以及植物花卉、水体、小品、雕塑等的配置，使建筑物的室内外空间环境体现出特定的氛围和一定的风格，来满足人们的使用功能及视觉审美上的需要。

4.1 植物的画法

植物是景观园林中最基本的对象，下面先来练习不同植物的表现方法。

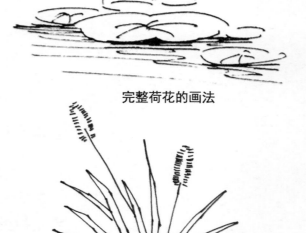

完整荷花的画法

一片荷叶的画法

一组荷叶的画法

叶子的画法

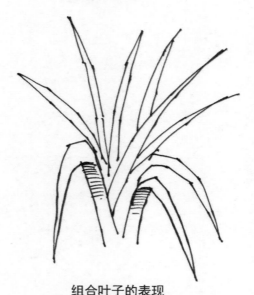

组合叶子的表现

完整植物的表现

以植物为设计素材创造景观是园林设计所特有的。植物是园林景观的四大要素之一，是不可缺少的一部分。植物大致可分为乔木、灌木及草本植物三类。各种植物都有各自的形态和特点。植物画得好坏直接关系到设计的表达和画面效果的优劣。

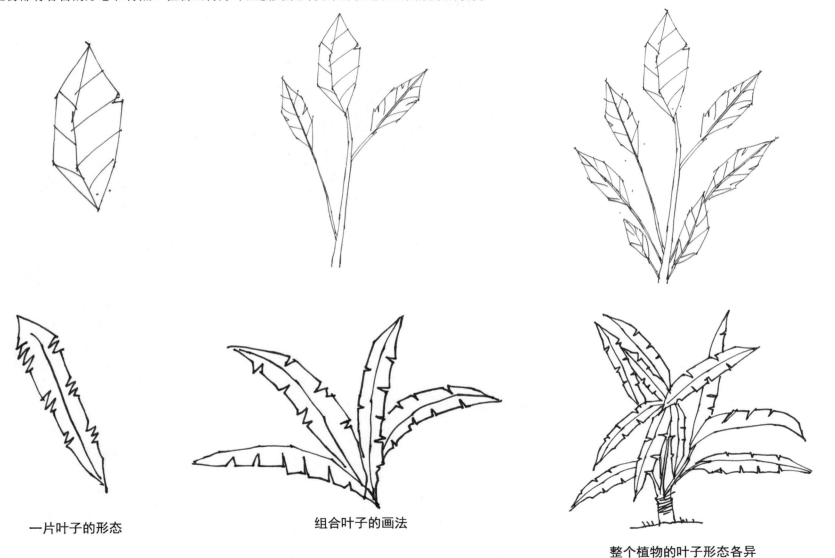

一片叶子的形态

组合叶子的画法

整个植物的叶子形态各异

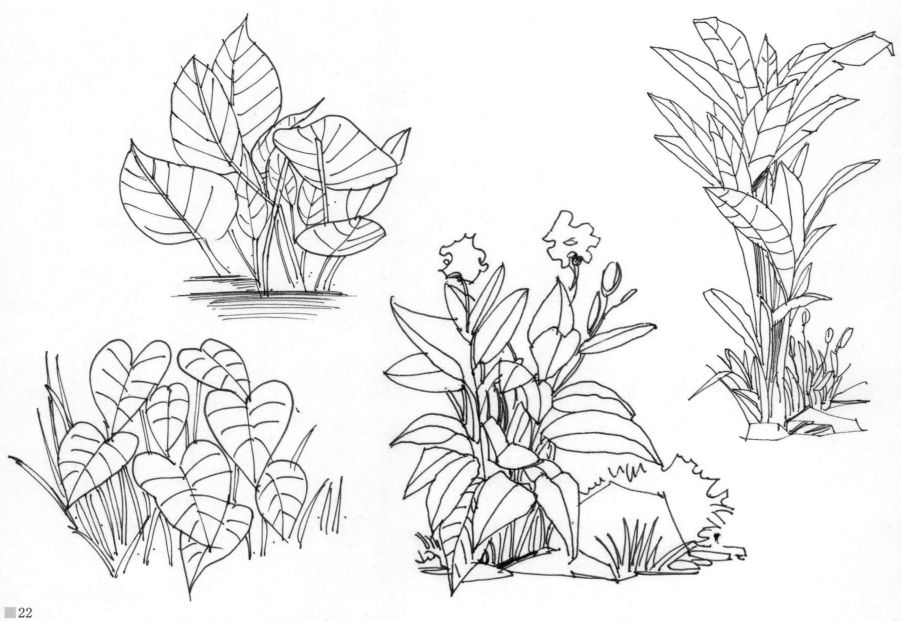

4.2 树木的画法

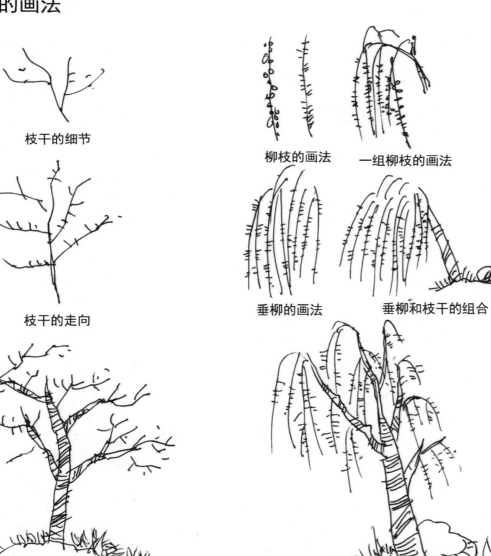

枝干的细节

枝干的走向

柳枝的画法　　一组柳枝的画法

垂柳的画法　　垂柳和枝干的组合

树干的表现

柳树的表现

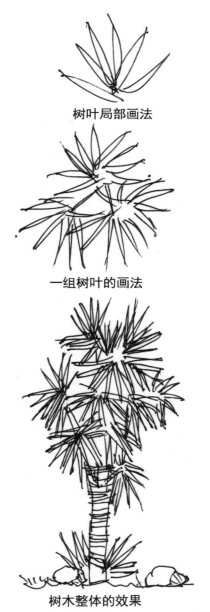

树叶局部画法

一组树叶的画法

树木整体的效果

树是景观中重要的内容，也是景观画中被经常选取的题材。树的品种繁多，其形体特征和结构也各有不同。由于树龄的不同，树木的形象可谓千姿百态。对于品种不同、形态各异的树，要经常去观察研究，认识树的形体结构与色彩的变化特点，在设计实践中，不断掌握其表现规律。

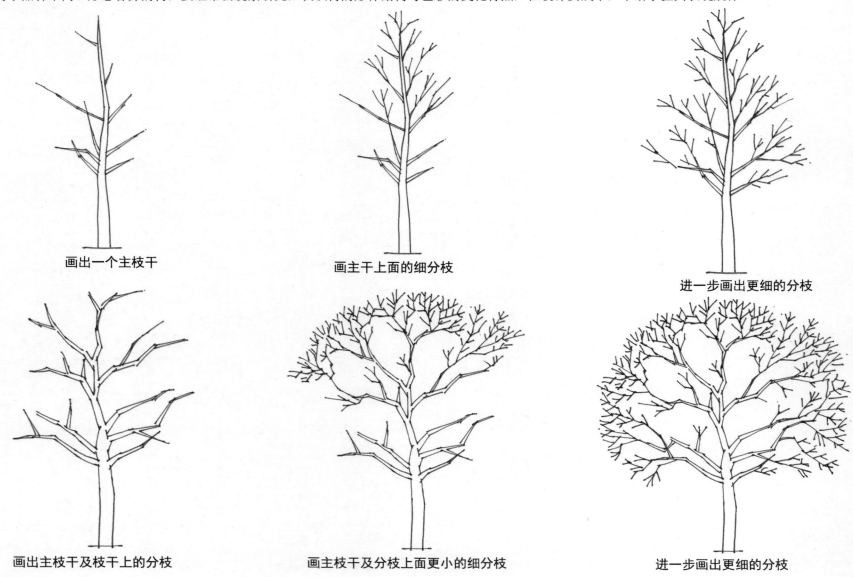

画出一个主枝干

画主干上面的细分枝

进一步画出更细的分枝

画出主枝干及枝干上的分枝

画主枝干及分枝上面更小的细分枝

进一步画出更细的分枝

画出主枝干

画出上面树冠

画出树冠和枝干细节

画出顶部树叶

画出下部树叶

画出树干和地面

4.3 绿篱的画法

在画绿篱时，要整体地表现绿篱的形体特点，用线要自由、灵活。

4.4 石头的画法

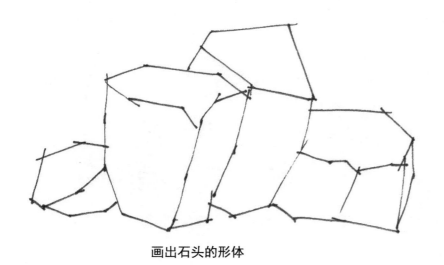

画出石头的形体

画出石头的暗部和阴影

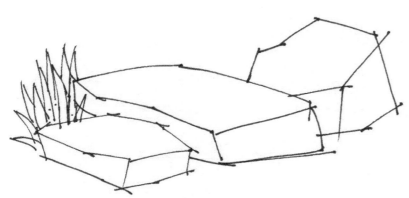

画出石头的形体和植物

画出石头的暗部和阴影，深入刻画植物

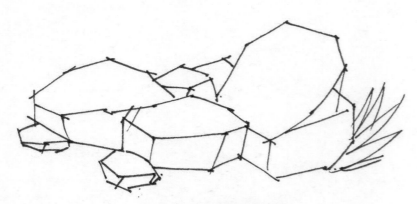

画出石头的形体和植物

画出石头的暗部和阴影

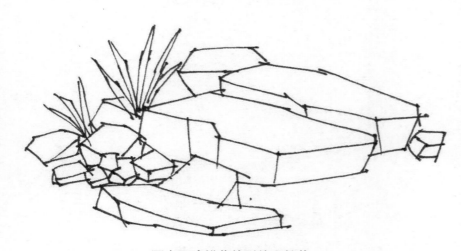

画出石头错落的形体和植物

进一步画出石头的暗部和阴影

4.5 石块水体局部的画法

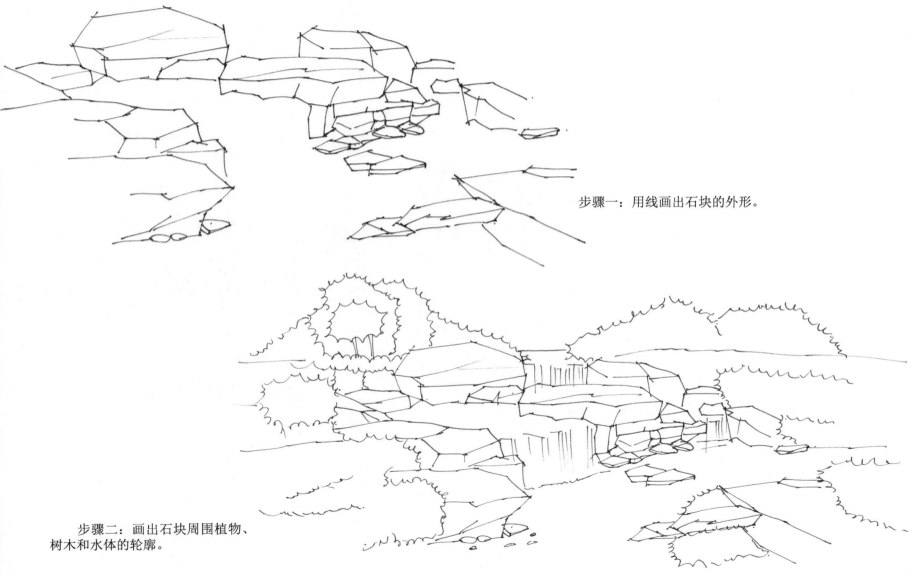

步骤一：用线画出石块的外形。

步骤二：画出石块周围植物、
树木和水体的轮廓。

步骤三：分别画出石头、水体和植物的暗部及阴影，表现景观局部的形体和空间。

4.6 景观水体局部的画法

步骤一：用勾线笔勾勒出石头、植物、水体和台阶的轮廓。

步骤二：画出石头周围树干、房屋的轮廓，进一步细化水体细节。

步骤三：画出石头、水体的暗部及阴影，突出景观局部的特点。

4.7 景观局部线稿的画法

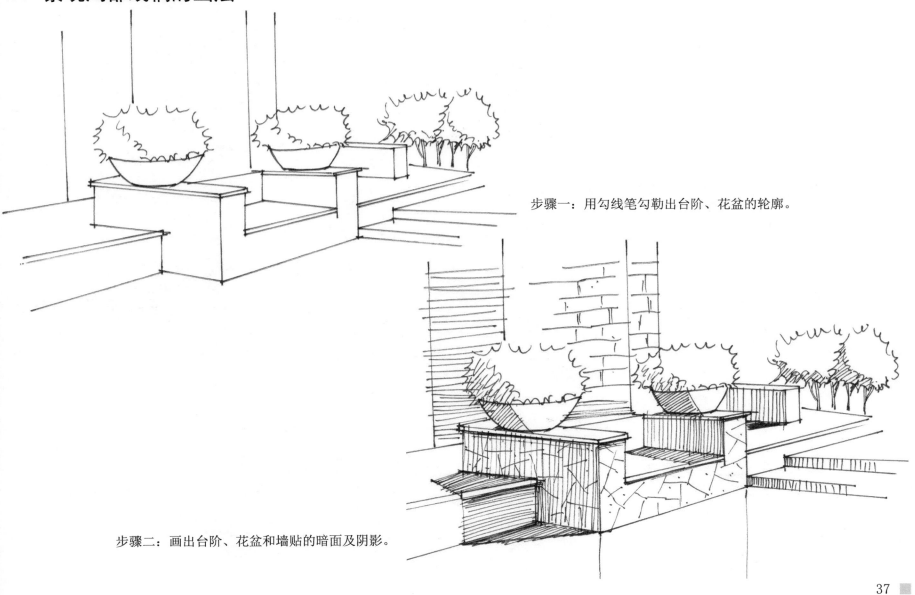

步骤一：用勾线笔勾勒出台阶、花盆的轮廓。

步骤二：画出台阶、花盆和墙贴的暗面及阴影。

石块与假山单体练习

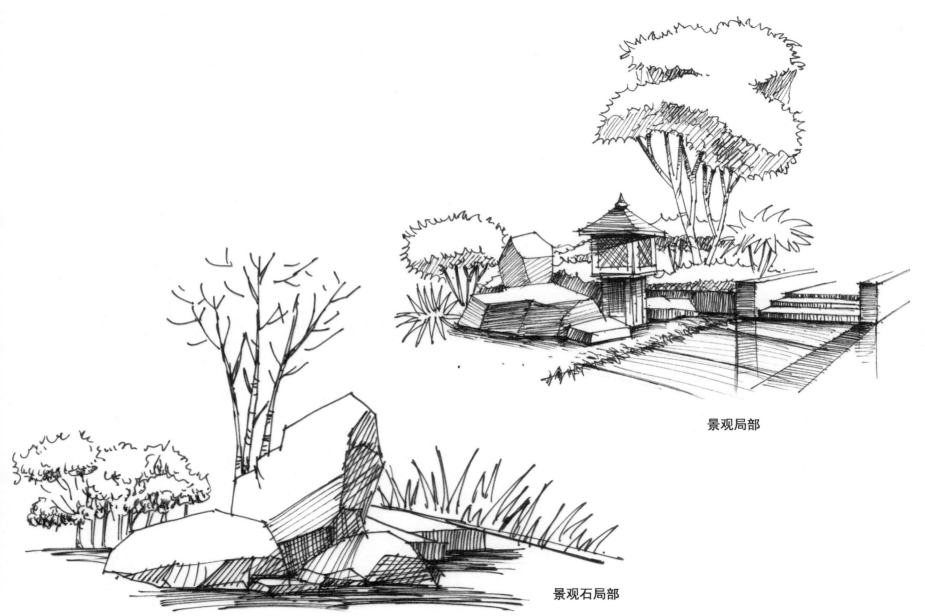

景观局部

景观石局部

景观水体局部

景观局部

草丛绿篱局部

石块水体局部

假山瀑布景观

4.9 人物线稿的画法

4.10 汽车线稿的画法

课 后 练 习

1. 按步骤临摹练习植物线稿的画法。
2. 练习不同树木的线稿画法。
3. 练习简单景观局部的线稿画法。
4. 练习景观场景的线稿画法。
5. 练习用线表现人物和汽车。
6. 找一些简单景观园林图片，然后练习用手绘线稿表现出来。

第5章 景观单体上色表现

5.1 街灯的画法

街灯是表现景观常见的元素之一，不同的灯具造型也不同，下面是一些常见的景观灯和街灯的画法。

53

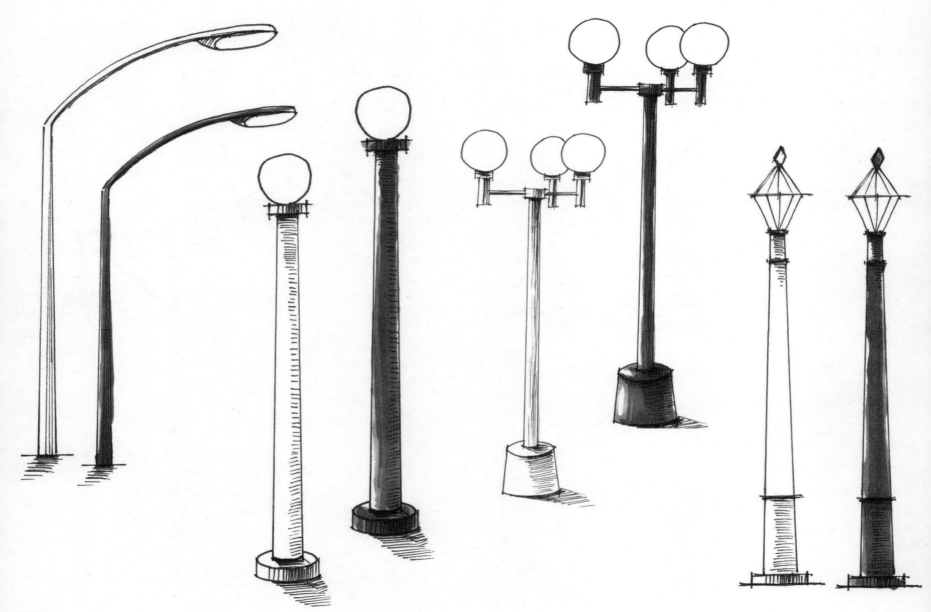

5.2 石头的画法

在景观设计中，常常可以看到不同的景观石、假山等，学习表现石头，表现景观石，也是学习景观手绘的一个重要内容。

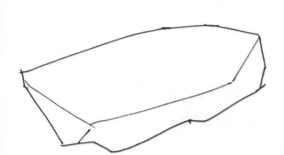

步骤一：用长线勾勒出石头的轮廓。

步骤二：给石头暗部和阴影上色。

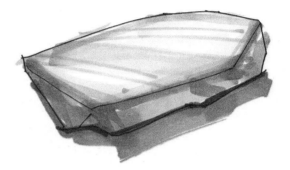

步骤三：给石头亮部上色。

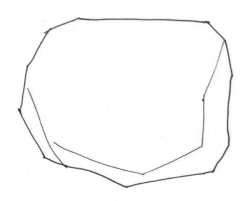

步骤一：用长线勾勒出石头的外形。

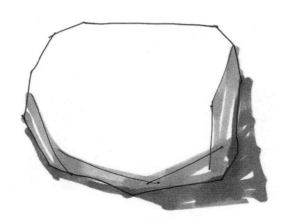

步骤二：给石头暗部和阴影上色。

步骤三：给石头亮部上色，注意笔触的运用。

5.3 景观凳/椅的画法

　　各种不同造型的凳/椅，是景观中常见的元素，学习画凳/椅，先要将凳/椅的透视、结构表现到位，然后再根据凳/椅的材料，沿着结构上色。

步骤一：分别用长线和短线画出条凳的轮廓与阴影，注意透视的运用和笔触。

步骤二：用马克笔铺出条凳和阴影的大体颜色。

步骤三：进一步给条凳上颜色，拉开颜色的层次。

步骤四：加重暗部的颜色，将条凳表现完整。

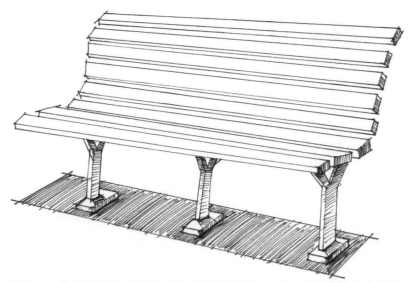

步骤一：分别用长线和短线画出靠背椅的轮廓，然后画出暗部和阴影。

步骤二：用不同颜色马克笔分别给椅身、椅子腿和阴影铺上大体色调。

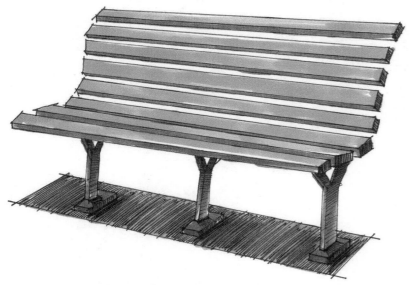

步骤三：加深椅身、椅子腿和阴影暗部颜色，拉开颜色的层次。

步骤四：进一步加重暗部的颜色，将靠背椅表现完整。

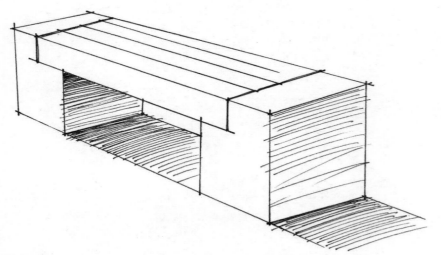

步骤一：用长线画出景观凳的轮廓，然后画出暗部和阴影。

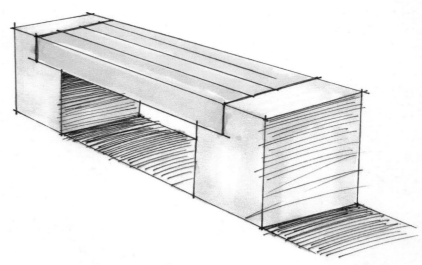

步骤二：用浅色马克笔铺出景观凳和阴影的大体颜色。

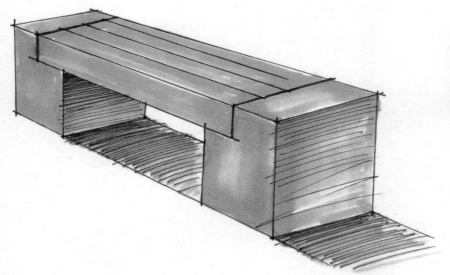

步骤三：沿着景观凳的结构进一步上颜色，拉开颜色的层次。

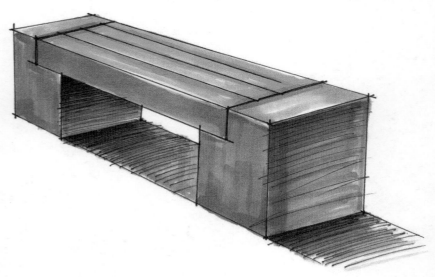

步骤四：加重景观凳暗部的颜色，突出景观凳的特点。

5.4 石凳/椅的画法

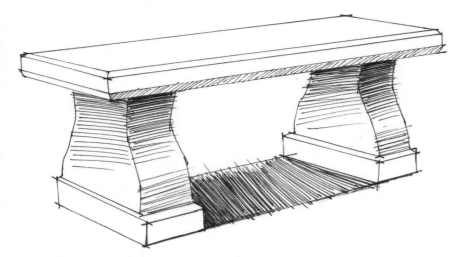

步骤一：用线准确画出石凳的轮廓，然后画出暗部和阴影。

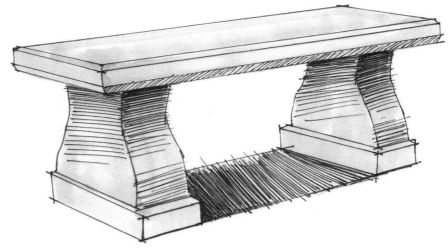

步骤二：用浅色马克笔给石凳和阴影上色，确定大体色相。

步骤三：加深石凳暗部和阴影的色调。

步骤四：进一步加重暗部的颜色，将石凳表现完整。

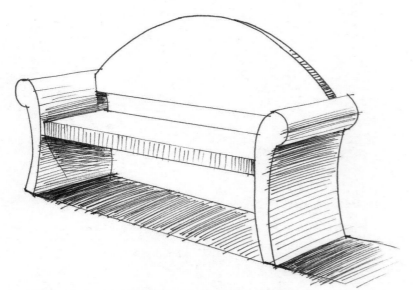

步骤一：先画出石椅的外形，然后画出暗部和阴影。

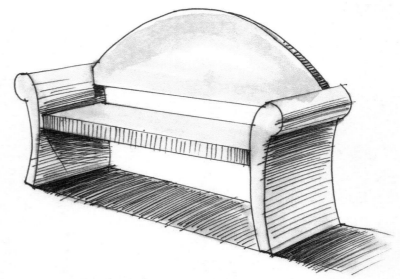

步骤二：用浅色马克笔初步铺出石椅的大体颜色。

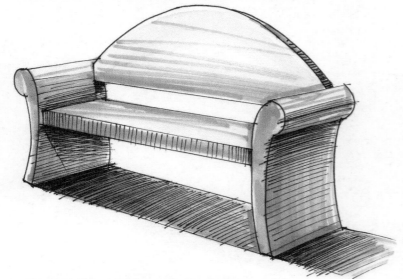

步骤三：沿着石椅形体加重暗部和阴影色调。

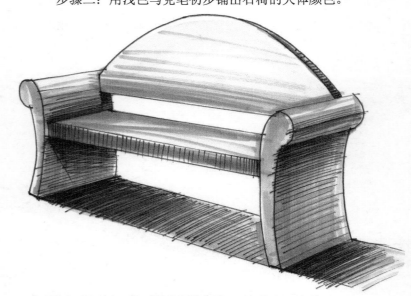

步骤四：继续加重石椅暗部的颜色，将其表现完整。

5.5 石凳、石桌的画法

步骤一：先画出圆形石凳的外形，然后画出暗部和阴影。

步骤二：用浅色马克笔整体铺出石凳及其阴影的大体颜色。

步骤三：进一步上颜色，拉开石凳和阴影的颜色层次。

步骤四：强调明暗颜色对比，将石凳表现完整。

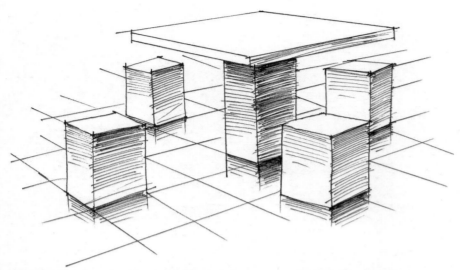

步骤一：分别用长线和短线画出石桌、石凳和地面的轮廓与阴影，注意透视和用笔。

步骤二：分别用不同颜色马克笔整体铺出石桌、石凳和地面的大体颜色。

步骤三：逐步加重石桌、石凳和地面的颜色，拉开颜色的层次。

步骤四：加重石桌、石凳和地面暗部的颜色，将石桌和石凳表现完整。

5.6 花篮的画法

花篮是景观中十分常见的对象，下面学习画花篮的手绘表现。

步骤一：画出花篮的线稿轮廓，并画出阴影。

步骤二：分别用不同颜色马克笔给花篮和植物上大体颜色。

步骤三：进一步上颜色，丰富花篮的颜色层次。

步骤四：表现细节，将花篮的效果表现完整。

步骤一：画出圆木花篮的线稿轮廓。

步骤二：分别用不同颜色马克笔铺出花篮的大体颜色。

步骤三：进一步上颜色，表现花篮的细节。

步骤四：深入表现花篮，将花篮表现完整。

5.7 喷泉的画法

喷泉是景观中常见的元素，在画喷泉时，注意水的表现。

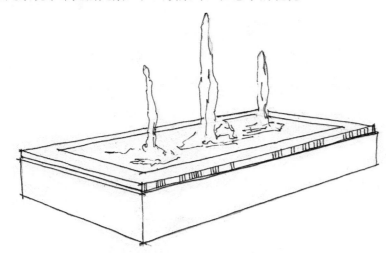

步骤一：画出方形水池的外形轮廓，并画出向上的喷泉。

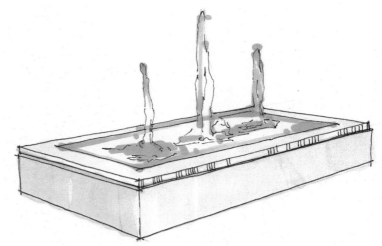

步骤二：用马克笔画出水池和喷泉的大体颜色。

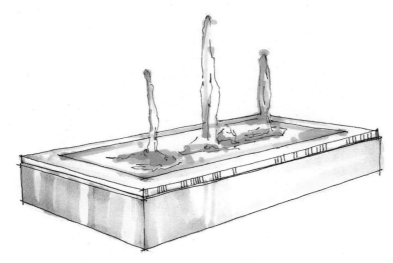

步骤三：进一步上颜色，拉开颜色的层次。

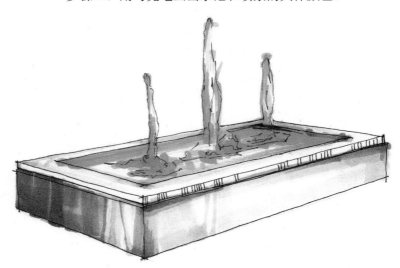

步骤四：画出水池和喷泉暗部的颜色，将喷泉画完整。

步骤一：用长线画出圆形水池和喷泉的轮廓。

步骤二：用马克笔铺出圆形水池和喷泉的大体色调。

步骤三：进一步上色，表现出水的特点。

步骤四：深入刻画，将圆形水池和喷泉表现到位。

5.8 树木的画法

步骤一：画出树木的轮廓。

步骤二：用不同颜色马克笔给树干和树冠上大体颜色。

步骤三：加重树干和树冠局部颜色。

步骤一：用线画出树的形态外形特点。

步骤二：用不同颜色马克笔给树干和树冠上大体颜色。

步骤三：加重树干和树冠局部颜色。

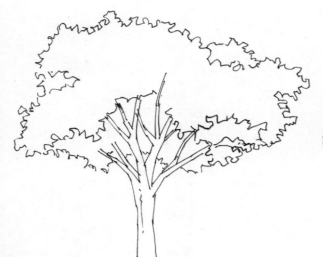

步骤一：画出树木的外形轮廓。

步骤二：用不同颜色马克笔给树干和树冠上大体颜色。

步骤三：加重树干和树冠局部颜色。

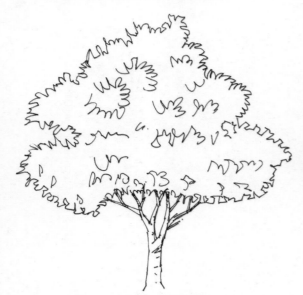

步骤一：画出树木的轮廓。

步骤二：用不同颜色马克笔给树干和树冠上大体颜色。

步骤三：加重树干和树冠局部颜色。

5.9 木牌的画法

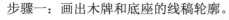

步骤一：画出木牌和底座的线稿轮廓。

步骤二：用不同颜色马克笔画出木牌和底座的大体颜色。

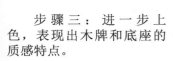

步骤三：进一步上色，表现出木牌和底座的质感特点。

步骤四：加重暗部颜色，充分表现木牌和底座的效果。

步骤一：用铅笔画出木牌与木走廊的大体轮廓。

步骤二：用勾线笔沿着铅笔稿画出木牌与木走廊的轮廓。

步骤三：用不同颜色马克笔铺出木牌与木走廊的大体颜色。

步骤四：进一步给木牌与木走廊上颜色，将它表现完整。

5.10 景观色调练习

　　色调练习对初学者来说相当重要，可以锻炼色彩感觉，提高整体的概念。把勾勒好的草图复印几个小样，快速上完颜色，每幅都应有区分，或冷调，或暖调，或亮调，或灰调，不抠细节，挑出最有感染力的一幅作正稿时的参考，在这两个步骤完成后，对最后的效果就应该心中有数了。

5.11 水体的表现

　　水的特性是流动的、透明的，给人开阔、深远的感觉。水的颜色受气候、光线、环境和天色的影响而产生变化。

　　水色。一般清澈的水，它的固有色总是带冷调。在水静止或波动的状况下，其色彩会产生变化，波动的水的明度比水面平静时的水的明度要暗。平静水面的水色因距离观者远近，也具有不同的明度与冷暖。这细微的差别，对表现水面的平远和空间深度有重要作用。表现水色的笔法，要根据水面的特点。平静的水，主要用横向的平衡笔法，色彩要柔和协调；有波浪的水，根据波浪的大小，可用横向的短笔触或点子来表现水的跃动，色彩可采用并列的方法。平静的水面，常会出现一条水平的明亮反光，反光对表现水面的平远有很大作用，画这种反光，颜色干湿要适度，用笔要干净利落。

　　倒影与实物有联系又有区别。画好倒影，会增添景色的美感。平静清澈的水面如镜，倒影形象清晰；在微波的水中，倒影破碎，形体拉长；在有风的天气和有急浪的水面，倒影不明确。景物倒影的色彩与景物相比，要趋于单纯统一，多为中间调子，没有很深暗与明亮的色调，色调一般偏冷、对比弱。平静水面的倒影，笔法横直并用，但要简练概括，自上而下的直向笔法，可以加强倒影的气势。水面有微波，形体被拉长的倒影，要用横向笔法。画倒影根据实物和水的具体情况，色彩一般较单一或有不太明显的冷暖变化。

流动的水体

平静的水体

不同颜色的水面

喷泉水面

5.12 天空的表现

　　在画一幅手绘的时候，也许画面有一半都会画到天空。画好天空，在画幅中会产生舒展、深远、空旷的效果。天色是画幅中最远的色彩，要有深远的空间效果。在晴天，蓝、青等色是画天空不可少的色彩，但是，接近地面或远山的天色，总带有偏暖的紫灰色倾向，所以天色在大多情况下是上冷下暖，上暗下明。天色无论是画得单纯还是丰富，这取决于画面整体效果和主题表现的需要。但在一般情况下，天空不宜画得过于突出，从而失去深远的空间。天空的表现要简洁、灵活，下面是一些天空的表现方法。

用彩色铅笔表现天空

用马克笔表现天空

用马克笔笔触表现天空

用单色图形表现天空

课 后 练 习

1. 练习用马克笔画出街灯。
2. 练习用马克笔画石桌、石凳。
3. 练习用马克笔画喷泉。
4. 练习用马克笔画花篮。
5. 练习用马克笔表现不同树木。
6. 练习用马克笔画出你常见的景观对象。
7. 练习用马克笔表现水体和天空。

第6章 景观局部手绘

6.1 景观石碑的画法

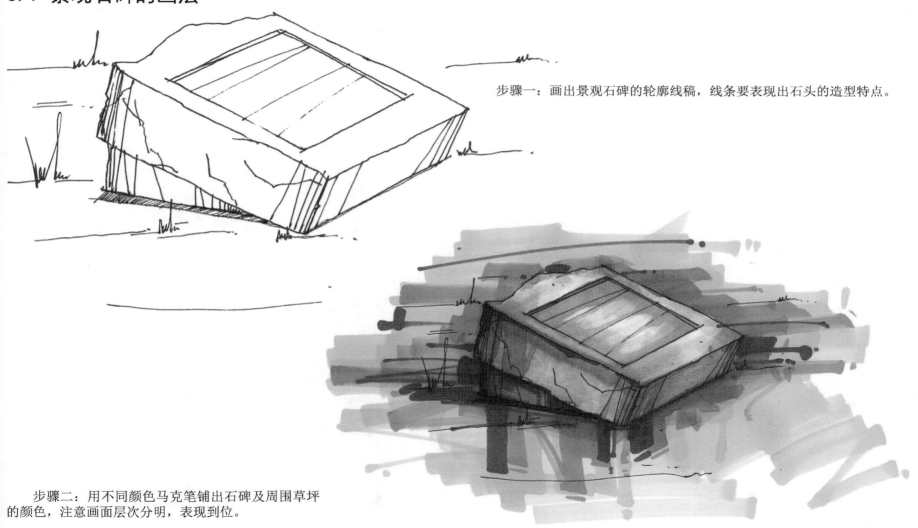

步骤一：画出景观石碑的轮廓线稿，线条要表现出石头的造型特点。

步骤二：用不同颜色马克笔铺出石碑及周围草坪的颜色，注意画面层次分明，表现到位。

6.2 景观造型的画法

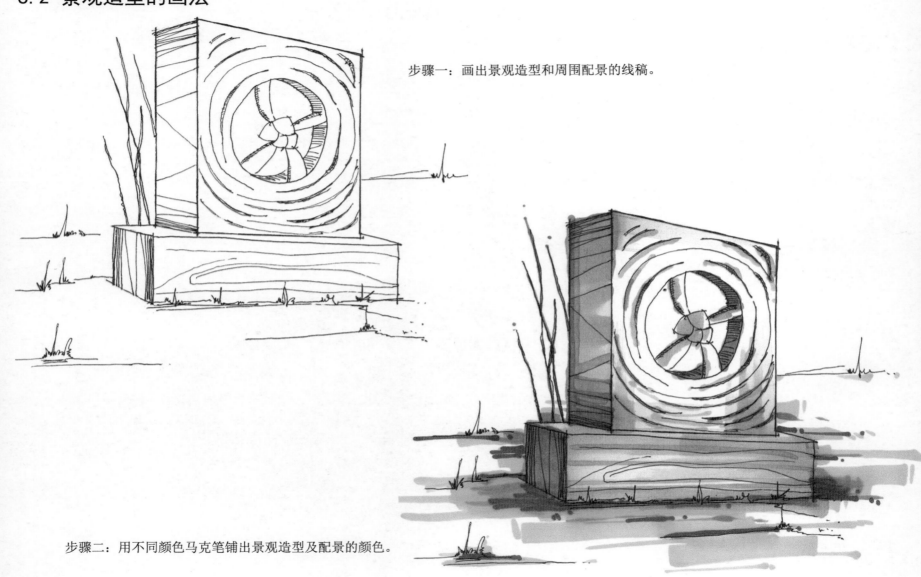

步骤一：画出景观造型和周围配景的线稿。

步骤二：用不同颜色马克笔铺出景观造型及配景的颜色。

6.3 景观石凳的画法

步骤一：画出石凳和草地的线稿。

步骤二：用轻松的笔触表现出石凳及草地，并注意整体色彩关系。

6.4 景观小桥的画法

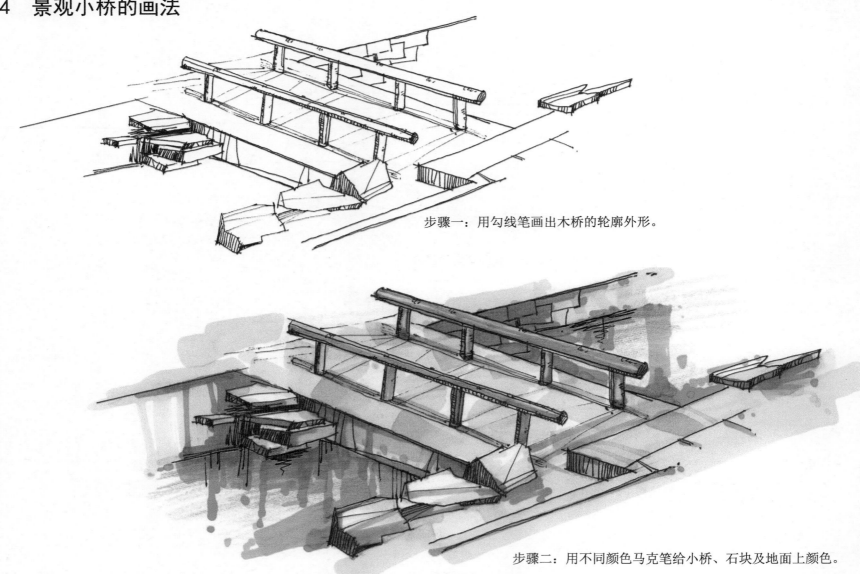

步骤一：用勾线笔画出木桥的轮廓外形。

步骤二：用不同颜色马克笔给小桥、石块及地面上颜色。

6.5 景观石桥的画法

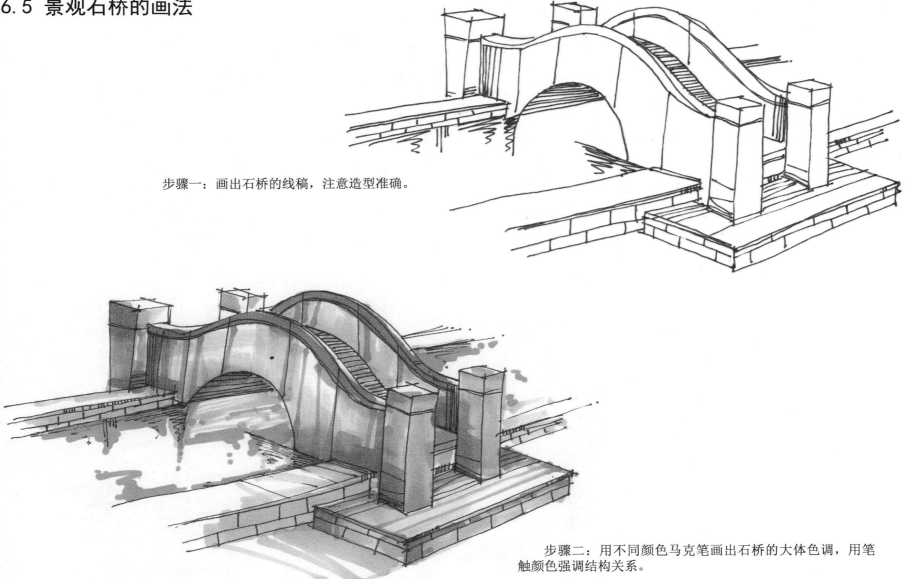

步骤一：画出石桥的线稿，注意造型准确。

步骤二：用不同颜色马克笔画出石桥的大体色调，用笔触颜色强调结构关系。

6.6 景观椅的画法

步骤一：画出景观椅的外形轮廓，并用线画出阴影和暗面。

步骤二：用不同颜色马克笔上出景观椅的大体颜色。

步骤三：进一步上色，注意用笔和用色的特点。

步骤四：加重暗部和阴影，突出景观椅的立体效果。

6.7 蘑菇亭的画法

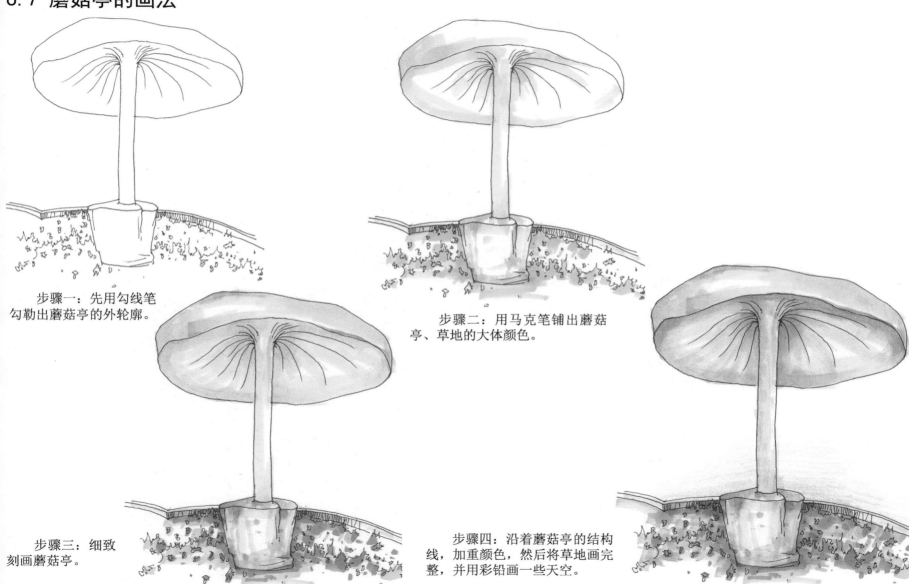

步骤一：先用勾线笔勾勒出蘑菇亭的外轮廓。

步骤二：用马克笔铺出蘑菇亭、草地的大体颜色。

步骤三：细致刻画蘑菇亭。

步骤四：沿着蘑菇亭的结构线，加重颜色，然后将草地画完整，并用彩铅画一些天空。

6.8 石桌、凳的画法

步骤一：用铅笔起稿，画出石桌、凳的大体轮廓。

步骤二：用勾线笔沿着铅笔稿画出石桌、凳的轮廓。

步骤三：用绿色和黄色马克笔铺出草坪与石桌、凳的大体颜色。

步骤四：加重草坪颜色，并画出石桌、凳的暗部。

6.9 树根桌、凳的画法

步骤一：用勾线笔沿着铅笔稿画出树根桌、凳的轮廓和细节，并画一些草坪。

步骤二：用马克笔铺出树根桌、凳及草地的大体颜色。

步骤三：进一步加重和丰富树根桌、凳的颜色。

步骤四：在树根桌、凳底部画出阴影的绿色，并整体调整，将树根桌、凳画完整。

6.10 景观石局部的画法

步骤一：用勾线笔画出景观石、植物和树枝的线稿轮廓。

步骤二：用马克笔给底部景观石和植物上颜色。

步骤三：给景观石上部和树木上颜色。

步骤四：深入表现画面细节，并画出阴影，将景观石局部效果表现完整。

6.11　假山瀑布景观的画法

步骤一：用铅笔勾勒出假山和瀑布的大体轮廓。

步骤二：用勾线笔画出假山和瀑布的轮廓与阴影。

步骤三：用不同颜色马克笔画出假山和瀑布的大体色调。

步骤四：深入刻画，将假山和瀑布效果表现到位。

课 后 练 习

1. 练习用马克笔画石牌。
2. 练习用马克笔画小桥和石桥。
3. 练习用马克笔画景观石。
4. 练习用马克笔画石桌、凳。
5. 练习用马克笔画树根桌、凳。
6. 练习用马克笔画假山和瀑布。
7. 找一些简单的景观配景图片，先勾勒出线稿，然后用马克笔上色。

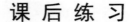

第7章 简单景观的画法

了解了景观单体元素的画法，下面学习一些简单景观场景的画法。在画的时候，要注意植物、树木、水体的画法。

7.1 石径的画法

步骤一：用勾线笔勾勒出石径的线稿。

步骤二：用不同颜色马克笔画出石径与绿植的大体颜色。

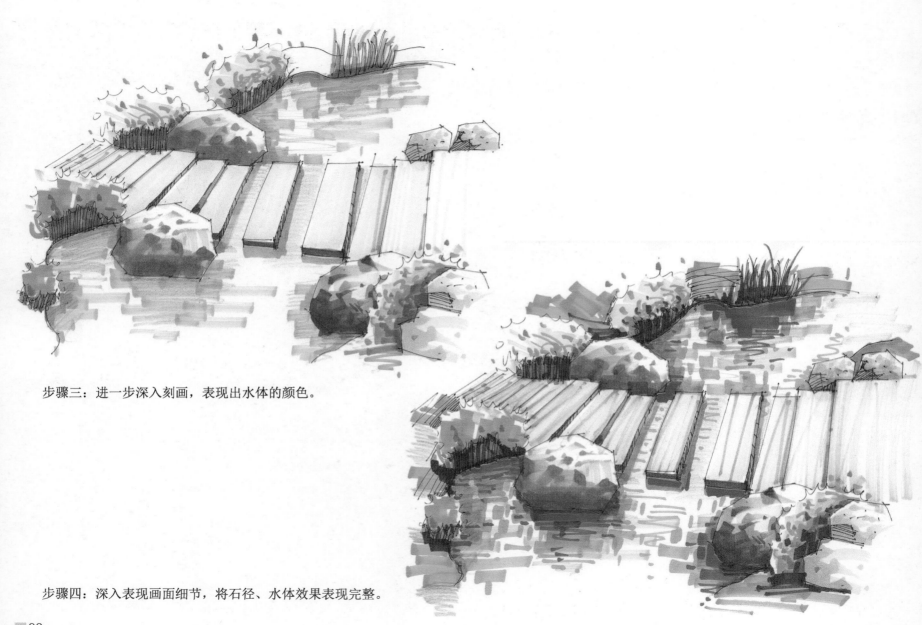

步骤三：进一步深入刻画，表现出水体的颜色。

步骤四：深入表现画面细节，将石径、水体效果表现完整。

7.2 景观局部的画法

步骤一：用勾线笔勾勒出景观局部的线稿轮廓。

步骤二：用不同颜色的马克笔给景观局部上色。

步骤三：加深局部颜色，画出暗部和阴影。

步骤四：深入表现细节和局部，表现出景观局部的特点。

7.3 木桥景观的画法

步骤一：先画出石头、植物、木桥和水体的
线稿轮廓，然后画出石头暗部和阴影。

步骤二：用不同颜色马克笔分别给石头、地
面、木桥和水体上颜色，初步确定大体颜色。

步骤三：进一步刻画木桥景观，将细节表现好。

步骤四：深入表现画面，将画面效果表现完整。

7.4 景观石的画法

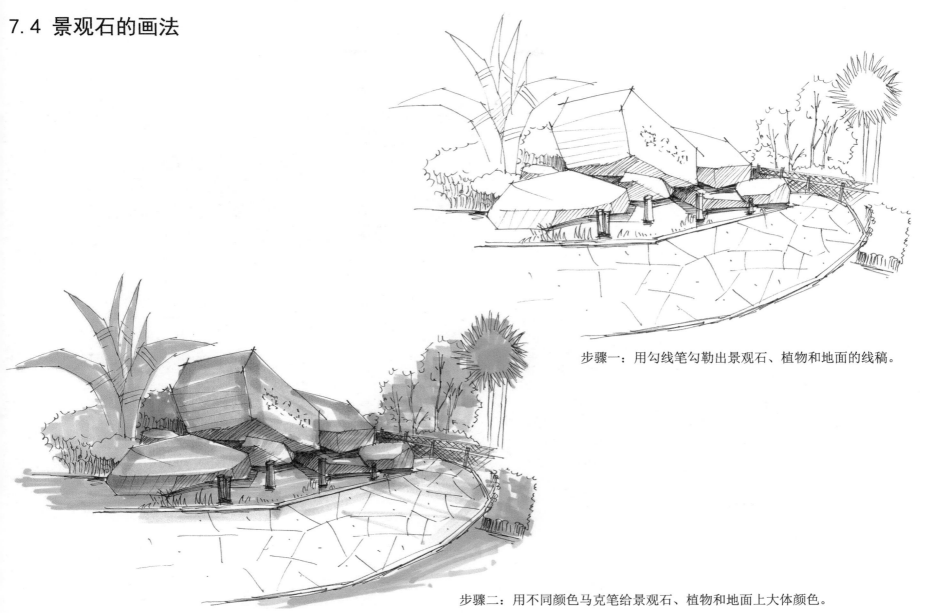

步骤一：用勾线笔勾勒出景观石、植物和地面的线稿。

步骤二：用不同颜色马克笔给景观石、植物和地面上大体颜色。

步骤三：进一步深入刻画，逐步加深画面局部颜色。

步骤四：深入表现画面细节，并用蓝色彩铅画出背景天空。

7.5 简单景观墙的画法

步骤一：用勾线笔勾勒出景观墙和周围植物、水体的线稿。

步骤二：用不同颜色的浅色马克笔画景观墙和周围植物、水体的大体颜色。

步骤三：逐步加深景观墙、植物和水体的颜色。

步骤四：深入表现画面细节，将景观墙效果表现完整。

7.6 假山和水体景观的画法

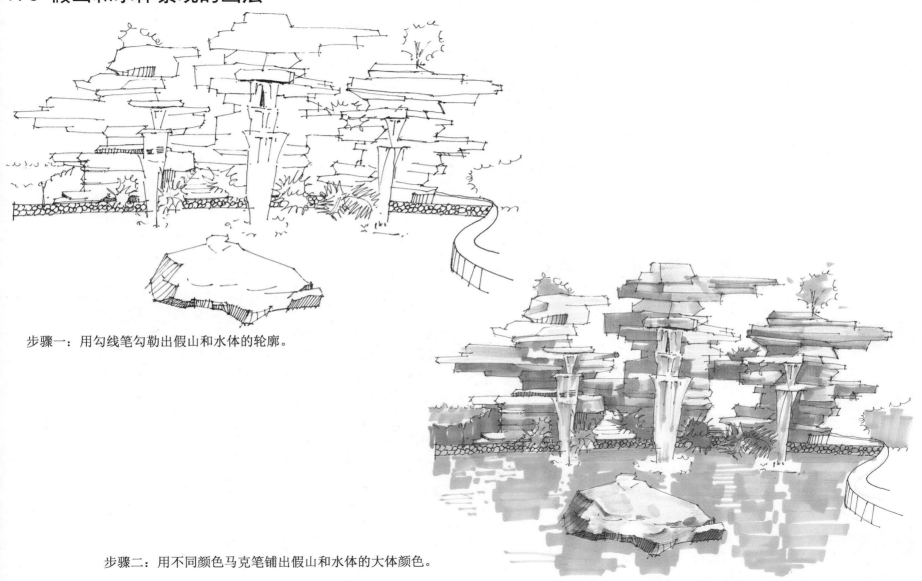

步骤一：用勾线笔勾勒出假山和水体的轮廓。

步骤二：用不同颜色马克笔铺出假山和水体的大体颜色。

步骤三：进一步表现画面，加重画面暗部颜色。

步骤四：调整画面，将假山和水体表现完整。

7.7 假山水池景观的画法

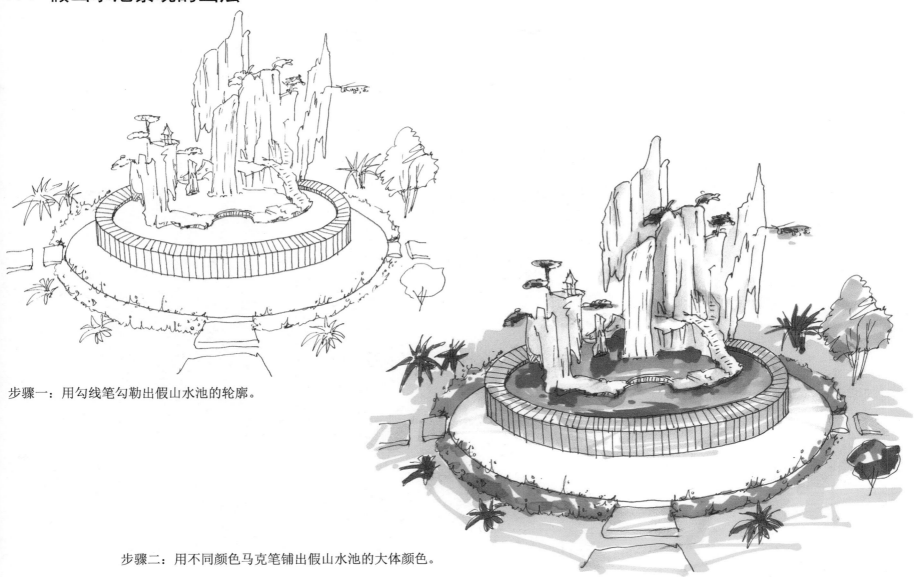

步骤一：用勾线笔勾勒出假山水池的轮廓。

步骤二：用不同颜色马克笔铺出假山水池的大体颜色。

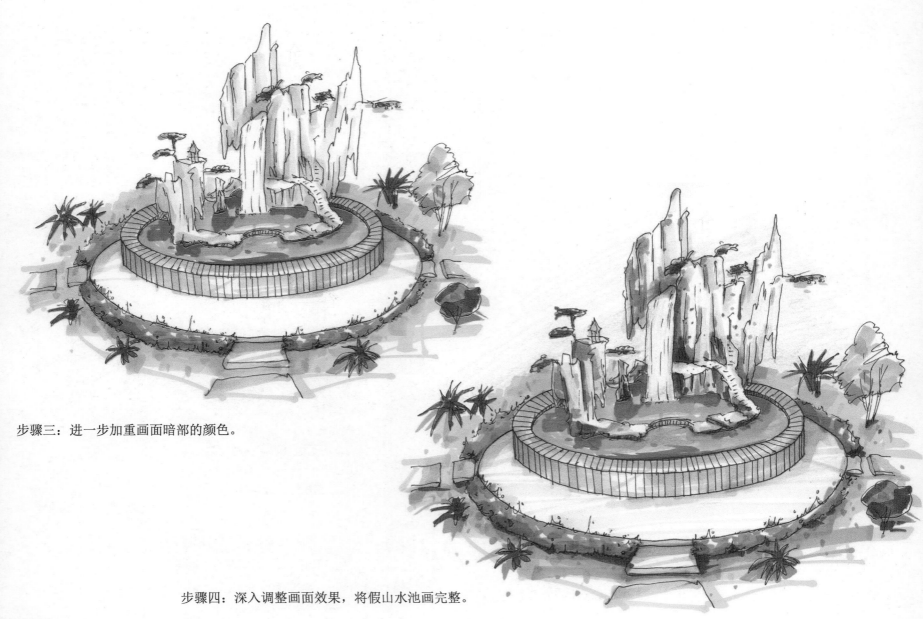

步骤三：进一步加重画面暗部的颜色。

步骤四：深入调整画面效果，将假山水池画完整。

7.8 石溪的画法

步骤一：用铅笔画出石溪和周围植物的大体轮廓。

步骤二：用勾线笔沿着铅笔稿勾勒出整体效果。

步骤三：用不同颜色马克笔铺出画面的大体颜色。

步骤四：深入表现细节，将石溪表现完整。

课 后 练 习

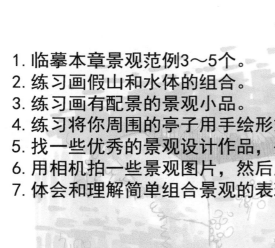

1. 临摹本章景观范例3～5个。
2. 练习画假山和水体的组合。
3. 练习画有配景的景观小品。
4. 练习将你周围的亭子用手绘形式画出来。
5. 找一些优秀的景观设计作品，并选择精彩的局部用手绘形式表现出来。
6. 用相机拍一些景观图片，然后用手绘表现出来。
7. 体会和理解简单组合景观的表现方法和特点。

第8章 景观的画法

8.1 水池局部的画法

景观包含的内容十分丰富，本章精选了部分常见的景观，通过不同景观的绘制过程，来了解景观的表现方法。

步骤一：用勾线笔勾勒出水池及其周围景观的线稿。

步骤二：用不同颜色马克笔铺出水池及其周围景观的大体颜色。

步骤三：加深石块及其周围植物暗部的颜色，拉开颜色对比。

步骤四：加重水体、树木暗部颜色层次，将画面表现完整。

8.2 景观墙的画法

步骤一：画出景观墙、喷泉水池和周围植物配景的线稿轮廓。

步骤二：用不同颜色马克笔分别给景观墙、喷泉水池和周围植物配景上颜色。

步骤三：逐步加深景观墙、喷泉水池和植物配景画面色调，拉开色调的层次。

步骤四：沿着形体深入表现画面，将景观墙画面效果表现完整。

8.3 廊柱景观的画法

步骤一：用勾线笔勾勒出走廊场景的轮廓，注意透视准确，表现出对象的特点。

步骤二：用不同颜色马克笔画出廊柱景观的大体颜色，注意颜色要和谐、统一。

步骤三：进一步深入刻画，丰富画面色调，加重树木的颜色。

步骤四：加重暗部颜色，并画出天空，调整画面，将廊柱景观效果表现到位。

8.4 小区小路景观

步骤一：先用铅笔画出场景的大体轮廓，然后用勾线笔勾勒出线稿，注意透视准确，并表现出对象的特点。

步骤二：用不同颜色马克笔画出小区小路的大体颜色，注意颜色要和谐、统一。

步骤三：进一步深入刻画，丰富画面色调，加重树木的颜色。　　　步骤四：加重暗部颜色，并画出天空，调整画面，将景观效果表现到位。

8.5 水池景观画法

步骤一：用勾线笔勾勒出水池景观的轮廓，注意透视准确，并表现出对象的特点。

步骤二：分别用不同颜色的马克笔给墙体、水面和植物上色，画出画面的大体颜色，注意颜色要和谐、统一。

步骤三：进一步深入刻画，加重水体与植物的暗部色调，丰富画面色调。

步骤四：画出树干和背景树木，并用高光笔提高光，将景观效果表现到位。

8.6 喷泉景观的画法

步骤一：用勾线笔勾勒出水池、走廊和树木的轮廓，注意透视准确，表现出场景的特点。

步骤二：用浅色马克笔整体铺出水池、走廊和树木的大体颜色，注意颜色要和谐、统一。

步骤三：进一步深入刻画，加深水池、树木的暗部颜色，并画出天空。

步骤四：加重暗部颜色，拉开颜色对比，深入调整画面，将景观效果表现到位。

8.7 小区景观的画法

步骤一：先用勾线笔勾勒出地面、牌楼、树木等场景的大体轮廓，然后增加一些阴影，注意透视准确，并表现出场景的特点。

步骤二：用不同颜色的马克笔画出地面、牌楼、水体、树木的大体颜色。

步骤三：给树坛、树木、牌楼、花坛和背景上颜色。

步骤四：画出喷泉、天空的颜色，然后调整画面细节，将景观画面表现充分。

8.8 喷泉景观的画法

步骤一：先用铅笔画出场景的大体轮廓，然后用勾线笔勾勒出线稿，注意透视准确，并表现出对象的特点。

步骤二：用不同颜色马克笔画出喷泉景观的大体颜色，注意颜色要和谐、统一。

步骤三：进一步深入刻画，丰富画面色调，加重树木的颜色。

步骤四：加重暗部颜色，并画出天空，调整画面，将景观效果表现到位。

8.9 休闲亭景观的画法

步骤一：先用铅笔勾勒出休闲亭的大体轮廓，再用勾线笔沿铅笔线稿细致刻画，注意透视准确，并表现出对象的特点。

步骤二：用不同颜色马克笔画出休闲亭景观的大体颜色，注意颜色要和谐、统一。

步骤三：进一步深入刻画，丰富画面色调，加重树木的颜色。

步骤四：加重暗部颜色，并画出天空，调整画面，将休闲亭景观效果表现到位。

8.10 小区景观细节的画法

步骤一：先用铅笔画出场景的大体轮廓，然后用勾线笔沿铅笔线稿勾勒出小区景观线稿，注意透视准确，并表现出对象的特点。

步骤二：用不同颜色马克笔画出小区景观的大体颜色，注意颜色要和谐、统一。

步骤三：进一步深入刻画，丰富画面色调，加重树木的颜色。

步骤四：加重暗部颜色，并画出天空，调整画面，将小区景观效果表现到位。

8.11 景观亭的画法

步骤一：先用勾线笔勾勒出亭子、小桥、假山和树木的轮廓，然后画出一些阴影。

步骤二：用不同颜色的浅色马克笔整体画出景观亭的大体颜色，注意颜色要和谐、统一。

步骤三：进一步深入刻画，加深假山和水体颜色，并画出周围植物颜色。

步骤四：加重亭子颜色和后面树的颜色，然后用高光笔点取高光，调整画面，将景观效果表现到位。

8.12 广场景观的画法

步骤一：先用勾线笔勾勒出地面、亭子、树木等场景大体轮廓，然后增加一些阴影，注意透视准确，并表现出广场景观的特点。

步骤二：用不同颜色的马克笔铺出地面、水体的大体颜色。

步骤三：用不同颜色马克笔给树坛、树木、亭子、花坛和背景上颜色。

步骤四：先画出喷泉、天空的颜色，然后调整画面细节，将景观画面表现充分。

8.13 池塘景观的画法

步骤一：先用勾线笔勾勒出地面、亭子、树木等场景大体轮廓，然后增加一些阴影，注意透视准确，并表现出场景的特点。

步骤二：用不同颜色的马克笔画出地面、水体、植被和亭子的大体颜色。

步骤三：用不同颜色马克笔给石头、树木和背景上颜色。

步骤四：先画出天空的颜色，然后调整画面细节，将景观画面表现充分。

8.14 水体景观的画法

步骤一：先用勾线笔勾勒出地面、亭子、树木等场景大体轮廓，然后增加一些阴影，注意透视准确，并表现出水体景观的特点。

步骤二：用不同颜色的马克笔画出地面、水体、花坛、植被的大体颜色。

步骤三：用不同颜色马克笔给树木、水体和背景上颜色。

步骤四：深入刻画水体、植被、楼群等，然后调整画面细节，将景观画面表现充分。

8.15 景观墙细节的画法

步骤一：先用铅笔勾勒出景观墙及配景的线稿，再用勾线笔沿着铅笔稿画出景观墙及配景的线稿轮廓。

步骤二：用马克笔铺出景观墙及花池的大体颜色。

步骤三：给人物设色，进一步深入表现画面细节，并加重暗部颜色。

步骤四：调整并完善画面，将景观墙效果表现完整。

8.16 小广场景观的画法

步骤一：先用勾线笔勾勒出地面、亭子、树木等场景大体轮廓，然后增加一些阴影，注意透视准确，并表现出场景的特点。

步骤二：用不同颜色的马克笔画出地面、水体、植被、亭子的大体颜色。

步骤三：用不同颜色马克笔给树木、花坛和背景上颜色。

步骤四：先画出天空的颜色，然后画水面倒影及树木颜色，调整画面细节，将景观画面表现充分。

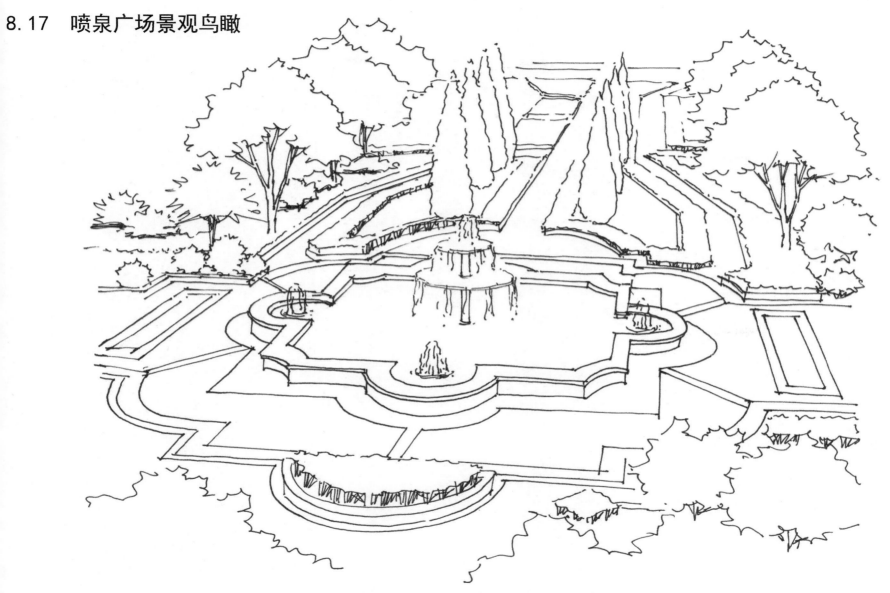

步骤一：用勾线笔整体勾勒出喷泉广场景观的轮廓，注意透视准确，表现出场景的特点。

步骤二：用不同颜色马克笔画出地面、喷泉和绿篱的大体颜色，注意颜色要和谐、统一。

步骤三：给喷泉后面的树木上色，注意灵活运用笔触。

步骤四：加重暗部颜色，画出阴影，然后丰富细节，并调整画面，将景观效果表现到位。

8.18 小广场景观鸟瞰图的画法

步骤一：用勾线笔整体勾勒出小广场景观的轮廓，注意透视准确，表现出场景的特点。

步骤二：用不同颜色马克笔铺出地面、水面和草地的大体颜色，注意颜色要和谐、统一。

步骤三：给小广场周围的树木上色，注意灵活运用笔触。

步骤四：加重暗部颜色，画出阴影，然后丰富细节，并调整画面，将景观效果表现到位。

课 后 练 习

1. 按步骤临摹本章景观范例3~5个。
2. 练习将你所在小区里见到的景观表现出来。
3. 选择公园内的一处景观，并用手绘表现出来。
4. 选择广场处的景观，并用手绘表现出来。
5. 请为某别墅室外景观设计景观草图。
6. 请为某休闲广场设计景观效果图。
7. 请为某小广场设计景观鸟瞰效果图。

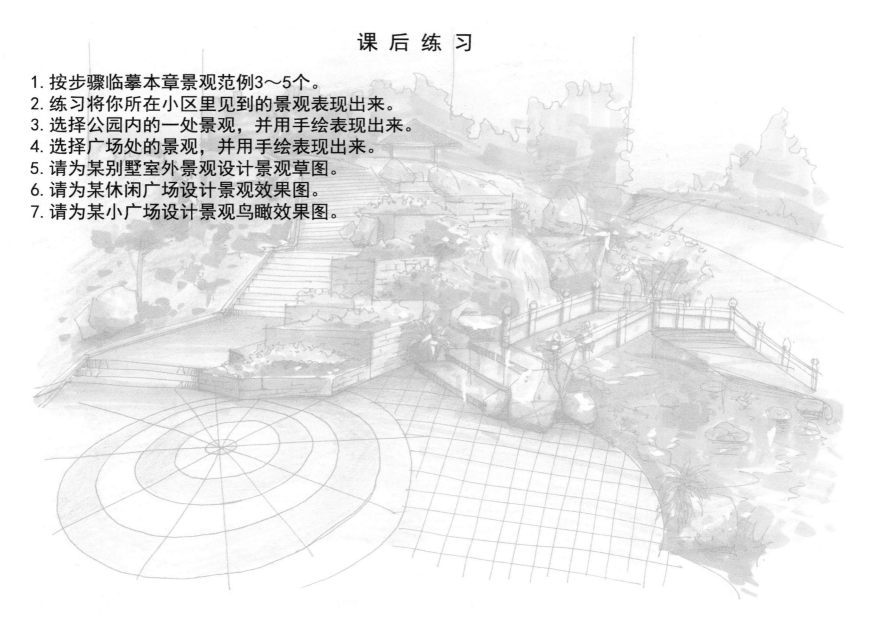

第9章 景观平面表现

平面图就是从景观顶部表现景观的总体布局。学习绘制景观平面效果也是十分重要的。

9.1 植物平面图的画法

下面是不同植物的平面图画法。

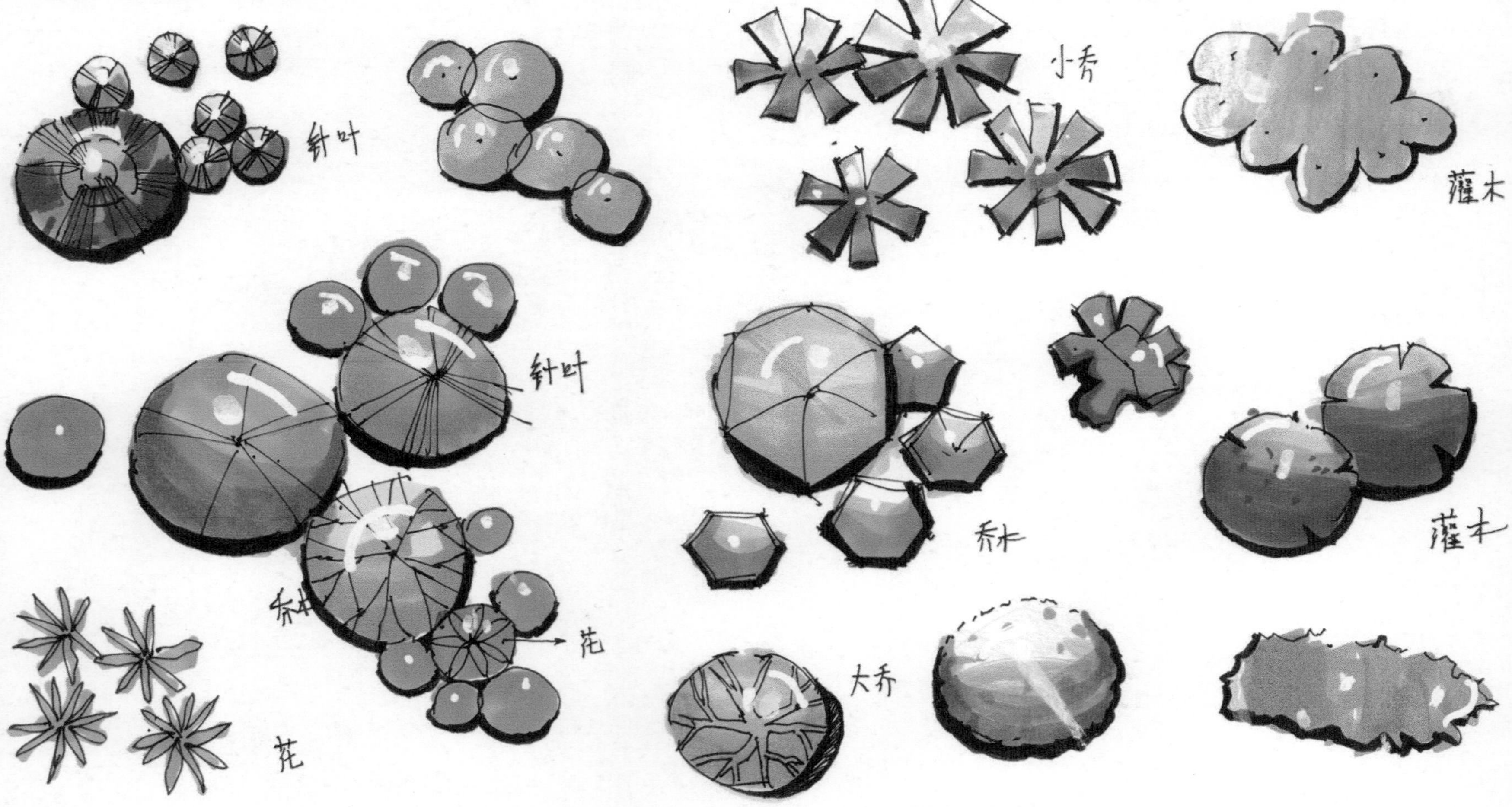

小乔

灌木

针叶

针叶

乔木

灌木

乔木

花

花

大乔

植物平面图

9.2 不同地面的画法

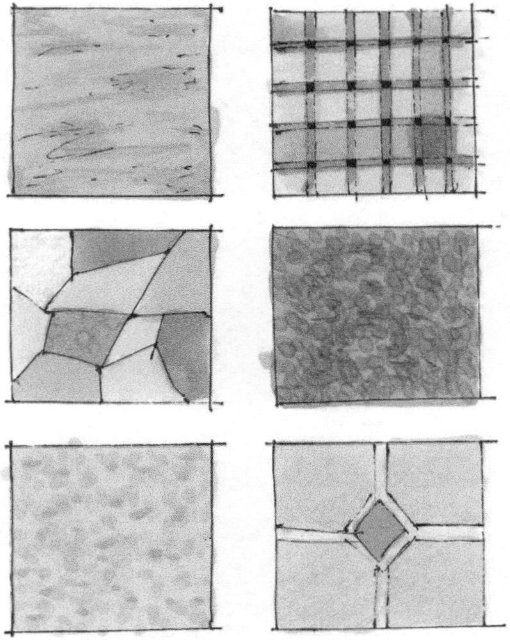

不同的地砖

草坪路

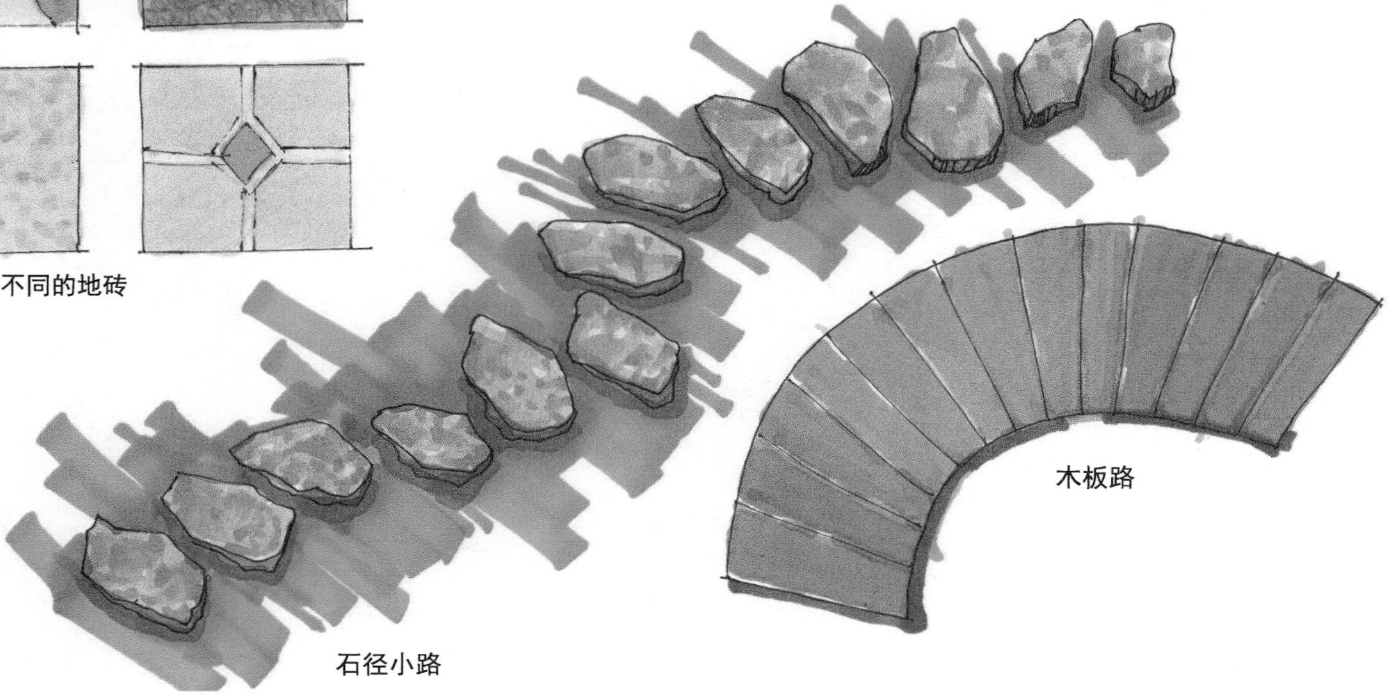

石径小路

木板路

石板路

石头路

彩砖路

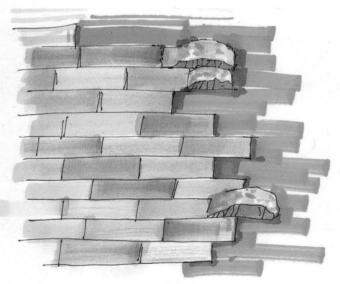

青石板路

9.3 亭子平面景观的画法

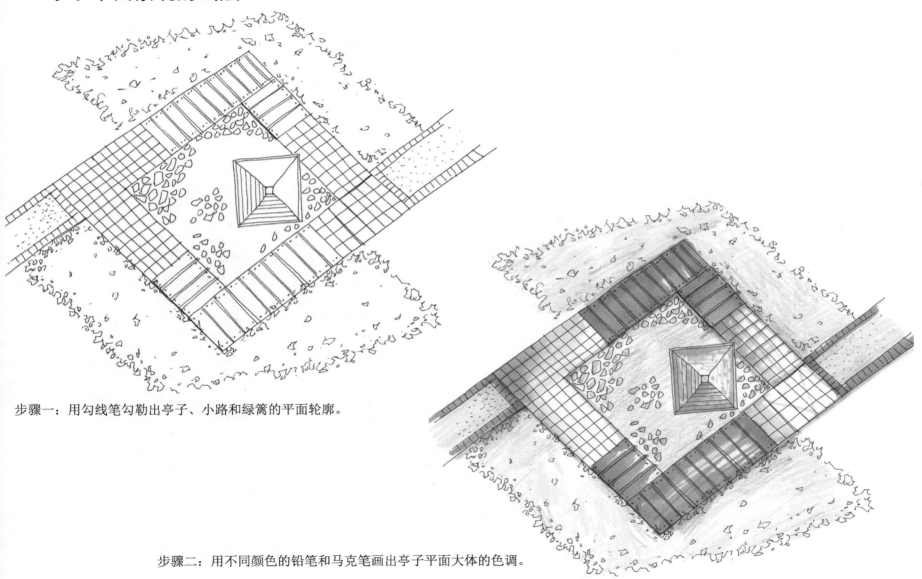

步骤一：用勾线笔勾勒出亭子、小路和绿篱的平面轮廓。

步骤二：用不同颜色的铅笔和马克笔画出亭子平面大体的色调。

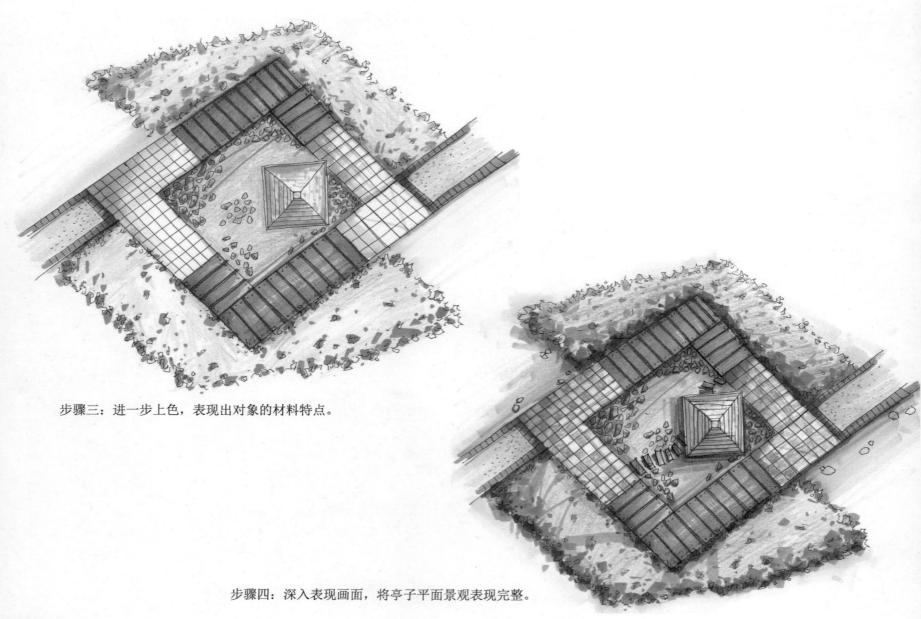

步骤三：进一步上色，表现出对象的材料特点。

步骤四：深入表现画面，将亭子平面景观表现完整。

9.4 休闲廊平面景观的画法

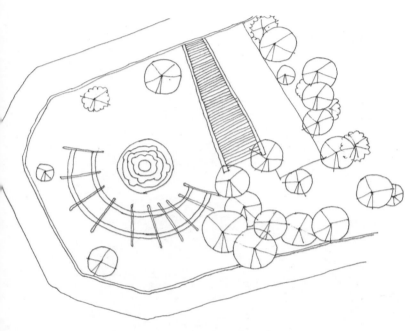

步骤一：用勾线笔勾勒出休闲廊平面的大体轮廓。

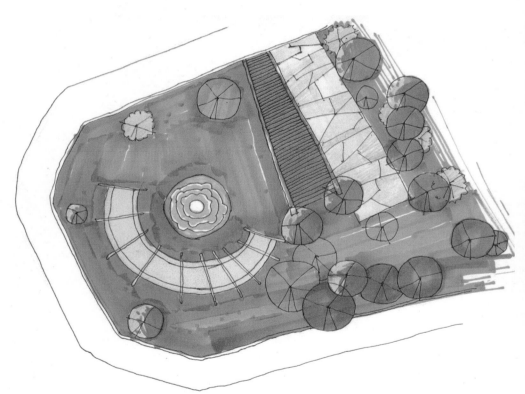

步骤二：用马克笔和彩色铅笔铺出休闲廊平面大体颜色。

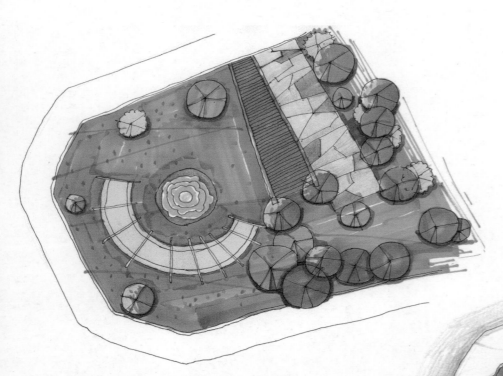

步骤三：深入刻画细节，画出树的阴影。

步骤四：完善并调整画面，将景观平面画完整。

9.5 别墅平面景观的画法

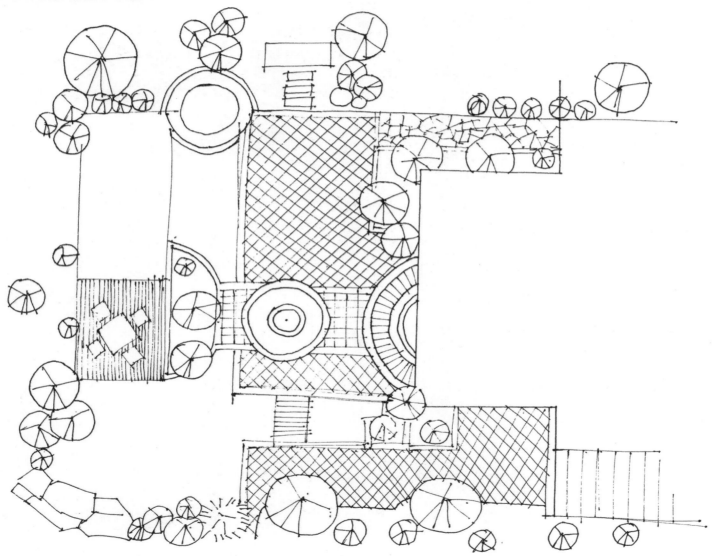

步骤一：用勾线笔勾勒出别墅平面的线稿，表现平面布局和不同对象的特点。

步骤二：用不同颜色马克笔和彩色铅笔给平面布局上大体的颜色。

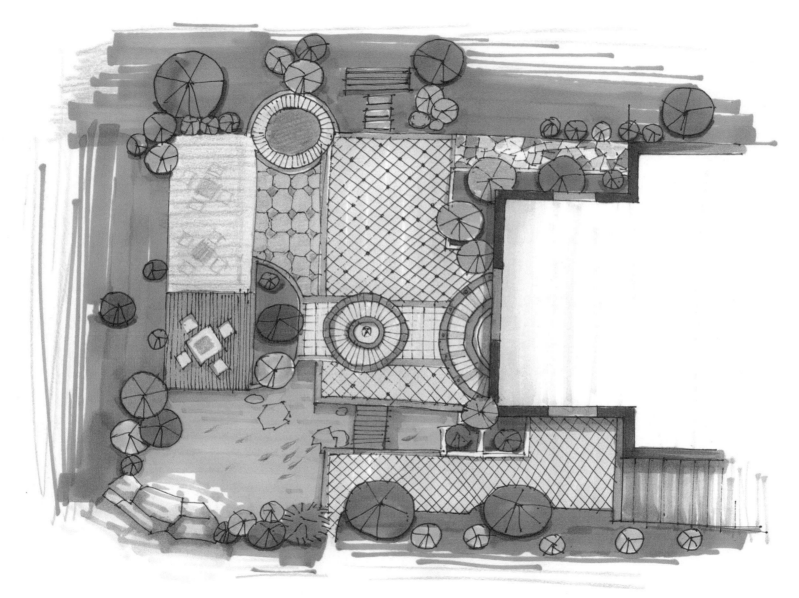

步骤三：深入表现细节，将别墅景观平面表现完整。

9.6 小广场平面景观的画法

步骤一：用勾线笔勾勒出小广场的平面景观布局，注意将对象表现准确、到位。

步骤二：用马克笔和彩色铅笔画出小广场平面布局的大体色调。

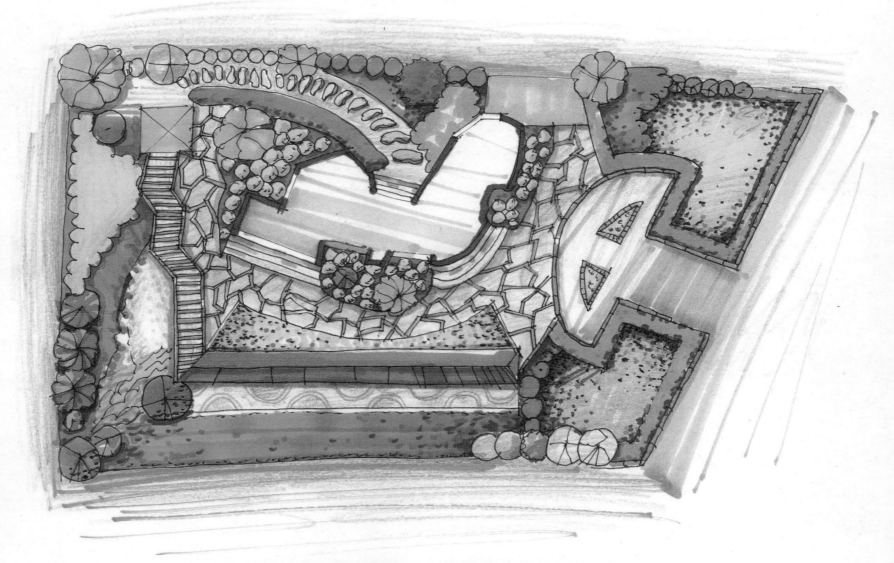

步骤三：深入表现对象平面细节，将小广场景观平面表现完整。

课 后 练 习

1. 选择本章范例1～3幅，按步骤进行临摹练习。
2. 找一些景观设计效果图，并用手绘表现出平面布局效果。
3. 请设计一别墅平面景观效果图。
4. 请设计一池塘局部景观，并用手绘表现出平面效果图。
5. 请设计一小广场景观效果，并用手绘表现平面效果图。

第10章 景观立面表现

景观立面的表现也是学习景观设计的重要内容，景观立面表现一般多用于方案的展示、材料说明、剖面大样等地方。

10.1 景观墙立面的画法

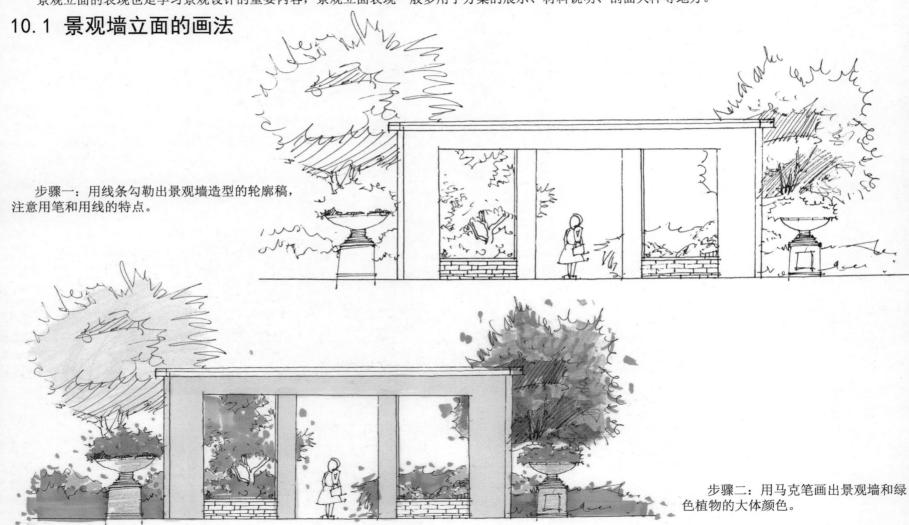

步骤一：用线条勾勒出景观墙造型的轮廓稿，注意用笔和用线的特点。

步骤二：用马克笔画出景观墙和绿色植物的大体颜色。

步骤三：进一步上颜色，充分表现对象的特点，注意用笔特点，将景观墙立面效果表现完整。

10.2 景观亭立面的画法

步骤一：用勾线笔勾勒出景观亭立面及周围配景的造型轮廓。

步骤二：用马克笔和彩色铅笔画出大体的颜色。

步骤三：进一步上色并表现出景观亭细节，将立面表现完整。

10.3 门头景观立面的画法

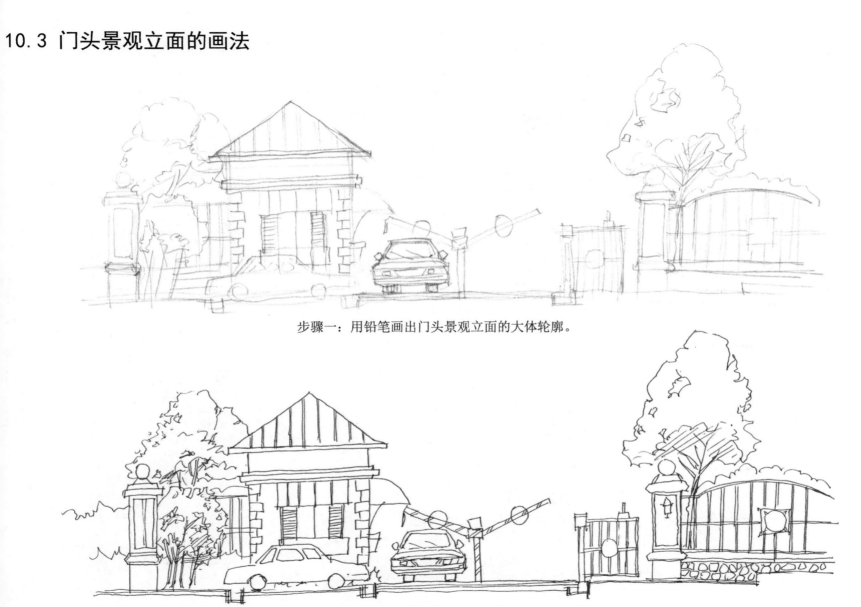

步骤一：用铅笔画出门头景观立面的大体轮廓。

步骤二：用黑色勾线笔沿铅笔稿勾勒出门头景观立面的线稿轮廓，注意将对象表现到位。

步骤三：用马克笔和彩色铅笔画出门头景观立面的大体颜色。

步骤四：进一步上色，加深局部颜色，拉开颜色层次，将门头景观立面表现完整。

10.4 水体景观立面的画法

步骤一：用勾线笔画出水体景观立面的线稿，注意表现出不同对象的立面特点。

步骤二：用不同颜色马克笔和彩色铅笔画出水体景观立面的大体色调。

步骤三：画出对象暗部的颜色，并表现画面细节，用彩铅画出天空。

步骤四：加深水体景观暗部和水体的颜色，完善细节，将画面表现完整。

课 后 练 习

1. 选择本章某一范例，按步骤进行临摹练习。
2. 练习画简单园林景观立面。
3. 练习画公园景观立面。
4. 练习画住宅小区景观立面。
5. 选择合适景观，表现其立面效果。
6. 练习将平面和立面结合起来表现景观。

第11章 景观手绘作品欣赏

课 后 练 习

1. 设计并绘制步行街配套景观。
2. 设计并绘制酒店外围配套景观。
3. 设计并绘制人工湖周围鸟瞰景观。
4. 设计并绘制市政广场鸟瞰景观。
5. 设计并绘制公园景观。